华章程序员书库

U0175098

Rust实战

从入门到精通

[意] 卡洛·米拉内西（Carlo Milanesi） 著

卢涛 李颖 译

Beginning Rust

From Novice to Professional

机械工业出版社
China Machine Press

图书在版编目（CIP）数据

Rust 实战：从入门到精通 /（意）卡洛·米拉内西（Carlo Milanesi）著；卢涛，李颖译 . -- 北
京：机械工业出版社，2021.6
（华章程序员书库）
书名原文：Beginning Rust: From Novice to Professional
ISBN 978-7-111-68367-4

I. ① R··· Ⅱ. ① 卡··· ② 卢··· ③ 李··· Ⅲ. ① 程序语言 – 程序设计 Ⅳ. ① TP312

中国版本图书馆 CIP 数据核字（2021）第 098160 号

本书版权登记号：图字 01-2020-7593

First published in English under the title:

Beginning Rust: From Novice to Professional

by Carlo Milanesi

Copyright © Carlo Milanesi, 2018

This edition has been translated and published under license from

Apress Media, LLC, part of Springer Nature.

Chinese simplified language edition published by China Machine Press, Copyright © 2021.

This edition is licensed for distribution and sale in the People's Republic of China only, excluding Hong
Kong, Taiwan and Macao and may not be distributed and sold elsewhere.

Rust 实战：从入门到精通

出版发行：机械工业出版社（北京市西城区百万庄大街 22 号 邮政编码：100037）
责任编辑：王春华 刘 锋 责任校对：殷 虹
印　　刷：大厂回族自治县益利印刷有限公司 版　　次：2021 年 6 月第 1 版第 1 次印刷
开　　本：186mm × 240mm 1/16 印　　张：18.75
书　　号：ISBN 978-7-111-68367-4 定　　价：99.00 元

客服电话：（010）88361066 88379833 68326294 投稿热线：（010）88379604
华章网站：www.hzbook.com 读者信箱：hzit@hzbook.com

本书教初学者如何以一种简单、循序渐进的方式使用 Rust 编程语言来编程。

读者只需要具有编程的基本知识，最好是有 C 或 C++ 语言基础。了解什么是整数和浮点数，以及标识符和字面量字符串的区别就足以理解本书。

本书假定使用命令行环境，例如 Unix 或 Linux shell、Mac OS 终端或 Windows 命令提示符。

请注意，本书并未涵盖使用 Rust 开发专业程序所需的全部内容。它只是把一些必需的难懂概念教给了你，这样当你需要理解更多进阶知识，例如这门语言的官方教程（https://doc.rust-lang.org/）时，就不在话下了。

作者简介 *About the Author*

       卡洛·米拉内西（Carlo Milanesi）是专业软件开发人员，C++、图形编程和 GUI 设计方面的专家。他毕业于米兰大学，曾在金融和 CAD/CAM 软件行业工作。他喜欢用 Smalltalk 和 Rust 编写软件。

Massimo Nardone 在安全、Web/移动开发、云和 IT 架构领域拥有超过 24 年的经验。他真正热衷的 IT 领域是安全和 Android。

他从事 Android、Perl、PHP、Java、VB、Python、C/C++ 和 MySQL 编程以及编程的教学工作已经 20 多年了。

他拥有意大利萨莱诺大学的计算机科学硕士学位。

他有多年担任项目经理、软件工程师、研究工程师、首席安全架构师、信息安全经理、PCI/SCADA 审核员和 IT 安全 / 云 / SCADA 架构师高级主管的经验。

他擅长的技术包括安全、Android、云、Java、MySQL、Drupal、Cobol、Perl、Web 和移动开发、MongoDB、D3、Joomla、Couchbase、C/C++、WebGL、Python、Pro Rails、Django CMS、Jekyll、Scratch 等。

他曾担任芬兰赫尔辛基理工大学（阿尔托大学）网络实验室的访问讲师和实验练习指导，拥有四项国际专利（PKI、SIP、SAML 和 Proxy 区域）。

他目前担任 Cargotec Oyj 的首席信息安全官（CISO），并且是 ISACA 芬兰分会的理事会成员。

目　录 *Contents*

终 端 打 印

在本章中，你将学习：

❑ 如何使用 Rust 语言编写和运行你的第一个程序

❑ 如何在终端上输出文本和数字

❑ 如何编写一个小脚本，使编译器输出的内容更易读

❑ 如何在代码中编写注释

1.1 如何开始

最小的合法 Rust 程序是：

```
fn main(){}
```

当然，它什么也不做。它只是定义了一个名为"main"的空函数。所谓"函数"，是指一组可以完成某项工作具有名称的指令。

"fn"一词是"function"的简写。"main"一词是函数名。小括号中包含函数的可能参数，在本例中没有参数。结束时，大括号中包含可能的组成函数体的语句，在本例中没有语句。

运行用 Rust 编写的程序时，将执行其"main"函数。如果没有"main"函数，则它不是一个完整的程序，而可能是一个库。

要运行此程序，请完成以下操作：

❑ 安装包含 Rust 编译器及其实用程序的软件包。可以从 https://www.rust-lang.org 免费下载编译器。Linux、Windows 或 macOS 平台，用于处理器架构 x86（32位）或 x86-64（64位）的都可以获得。对于每种平台，都有三个版本的编译器："稳定版本""测试版本"和"每晚更新版本"。建议使用"稳定版本"，它是三者中发布时间最早的，但是也是经过最多测试且更改可能性较小的一种。所有这些程序版本都应从控制台的命令行中使用。安装后，若要检查安装的版本，请在命令行输入（大写 V）rustc -V。

❑ 创建或选择一个文件夹，在其中存储你的 Rust 练习，然后使用任何一种文本编辑器，在该文件夹中创建一个名为 "main.rs" 的文件，让它包含上述内容。

❑ 在命令行的文件夹中，键入 rustc main.rs。名为 "main"（在 Windows 环境中，它将命名为 "main.exe"）的文件生成后应该几乎立即显示提示符。实际上，"rustc"命令已正确编译了指定的文件。也就是说，它已经读取该文件并生成了相应的机器代码，并且已将该机器代码存储在同一文件夹中。

❑ 在命令行上（如果在 Windows 环境中），键入 main。在其他操作系统中，键入 ./main。你就会运行之前生成的程序，但应该立即显示提示符，因为此程序不执行任何操作。

1.2 Hello，world!

让我们看看如何在终端上打印文本。把上一节中的程序改成如下内容：

```rust
fn main() {
    print!("Hello, world!");
}
```

如果已像以前一样编译并运行，它将输出："Hello, world!"

请注意，新添加的行包含 8 个语法项，也称为"符号"（token）。让我们一一说明它们：

❑ print：这是 Rust 标准库中定义的宏的名称。

❑ !：指定前面的名称表示宏。若不带这样的符号，print 就表示函数。在 Rust 标准库中没有此函数，因此你将遇到一个编译错误。宏是类似于函数的东西——它是一些与某个名称关联的 Rust 代码。使用这个名称，你就在这个位置上插入了这些代码。

❑ (：宏的参数列表开头。

❑ "：字面量字符串开头。

❑ Hello, world!：字面量字符串的内容。

❑ "：字面量字符串结尾。

❑)：宏参数列表结尾。

❑ ;：语句结束。

让我们研究一下"字面量字符串"这个短语的含义。"字符串"一词的意思是"有限的字符序列，可能包括空格和标点符号"。"字面量"一词表示"直接在源代码中指定的值"。因此，"字面量字符串"是"直接在源代码中指定的有限的字符序列（可能包括空格和标点符号）"。

print 宏只是插入一些代码，这些代码将在终端上打印作为参数收到的文本。

Rust 总是区分大写和小写字母——它是"大小写敏感"的。对于字面量字符串和注释之外的所有字符，如果你用小写字母替换一些大写字母，或者相反，通常会遇到编译错误，或者程序的行为有所不同。相反，对字面量字符串做这样的操作总是可以成功编译，但是很可能程序的行为将有所不同。

例如：

```rust
fn Main() {}
```

如果编译该程序，则会收到 "main function not found" 的错误，因为在程序中未定义 main 函数（小写的 m）。

从现在开始，除非专门指出，否则我们将假定示例代码位于"main"函数的大括号之间，因此大括号和它们前面的文本将会省略。

1.3 打印字面量字符串的组合

除了使用单个字面量字符串，你还可以在单个语句中打印多个字面量字符串，如下所示：

```rust
print!("{}, {}!", "Hello", "world");
```

把该语句放在"main"函数的大括号内，将再次打印：

```
"Hello, world!"
```

在本例中，print 宏接收了三个参数，它们以逗号分隔。这三个参数都是字面量字符串。但是，第一个字符串包含两对大括号（{}）。它们是占位符，指示要插入其他两个字符串的位置。

因此，这个宏会扫描在第一个参数之后的参数，并针对每个参数都在第一个参数内查找一对大括号，并将其替换为当前参数。

这类似于以下 C 语言语句：

```
printf("%s, %s!", "Hello", "world");
```

但是 Rust 语言的 print! 和 C 语言的 printf 有一个重要的区别。如果你尝试编译

```
print!("{}, !", "Hello", "world");
```

你会收到编译错误 "argument never used"，因为宏在第一个参数之后的参数比第一个参数中的占位符更多。

也就是说，有些参数没有任何对应的占位符。

如果你尝试编译

```
print!("{}, {}!", "Hello");
```

你也会遇到编译错误，因为第一个参数内的占位符个数比第一个参数后的要多。也就是说，有一个占位符没有任何与之对应的参数。

而 C 语言中的相应语句不会引发编译错误，而是导致已编译程序崩溃或行为异常。

1.4 打印多行文本

到目前为止，我们已经编写了仅打印一行的程序。但是一个语句可以打印几行，如下所示：

```
print!("First line\nSecond line\nThird line\n");
```

这将打印：

```
First line
Second line
Third line
```

\n 的字符序列（其中 n 代表"换行"）将由编译器转换为表示当前使用的操作系统的行终止符的字符序列。

鉴于每个打印语句都在该语句的末尾换一次新行是很常见的，所以 Rust 标准库中已添加了另一个宏 "println"。它以如下方式使用：

```
println!("text of the line");
```

该语句等效于：

```
print!("text of the line\n");
```

调用此 println 宏（应将其称为"打印行"）等效于使用相同的参数调用 print，然后输出行终止符。

1.5 打印整数

如果要打印整数，可以键入：

```
print!("My number: 140");
```

或者，使用占位符和其他参数：

```
print!("My number: {}", "140");
```

或者，删除第二个参数周围的引号：

```
print!("My number: {}", 140);
```

所有这些语句都将打印："My number: 140"。

在最后一个语句中，第二个参数不是字面量字符串，而是"整数字面量"，或者简称为"字面整数"。

相对于字符串，整数是另一种数据类型。

即使对于整数，print 宏也可以使用它们来替换第一个参数内相应的占位符。

实际上，编译器将源代码中包含的字符串 140 解释为以十进制格式表示的数字，生成等效的二进制形式，然后将其保存到可执行程序中。

在运行时，程序以二进制格式获取该数字，使用十进制表示法将其转换为字符串 "140"，然后将占位符替换为此字符串，生成要打印的字符串，最后将字符串发送到终端。

例如，此过程说明了编写以下程序的原因：

```
print!("My number: {}", 000140);
```

编译器生成的可执行程序与之前生成的完全相同。其实，当源字符串 000140 转换为二进制格式时，前导零被忽略了。

参数类型也可以混合使用。下面这个语句

```
print!("{}: {}", "My number", 140);
```

将与以前的语句打印相同的行。在这里，第一个占位符对应于字面量字符串，而第二个占位符则对应字面整数。

1.6 命令行脚本

上面显示的 rustc 命令有一个缺点：它按查找顺序打印代码中发现的所有错误。但是，你的代码经常会包含许多语法错误，你应该从第一个错误处理到最后一个错误。但是编译器已完成打印错误，你将面对它找到的最后一个错误后面的新提示符。因此，你必须翻页回到第一个错误。

改善这种情况的一种方法是使用命令行脚本，其语法取决于操作系统。

在 Linux 系统中，可以将以下行放在新的脚本文件中：

```
clear
rustc $* --color always 2>&1 | more
```

在 Windows 系统中，可以将以下三行放在 .BAT 文件中：

```
@echo off
cls
rustc %* --color always 2>&1 | more
```

如果脚本文件名为 rs（在 Windows 上为 rs.bat），则可以输入以下命令来编译名为 main.rs 的文件：

```
rs main.rs
```

该脚本首先清空屏幕，然后使用你给它的所有参数运行 rustc。如果编译成功，或者生成的错误消息少于一屏，则其行为类似于常规的 rustc。否则，它会在屏幕上显示错误消息，然后停止并在终端屏幕底部显示消息 --More--，此时，你可以按：

❑ Enter 键，前进一行。
❑ 空格键，前进一屏。
❑ Q 键（"退出"），中止打印错误消息并返回到命令提示符。

1.7 注释

编写以下代码

```
// This program
// prints a number.
print!("{}", 34); // thirty-four
/* print!("{}", 80);
*/
```

将打印 34。

前两行以斜杠"//"开头。这样的字符对表示"行注释"的开始,它在行末结束。要在多行上编写注释,注释的每一行都必须重复一对斜杠,如上面程序的第二行。

Rust 程序员在双斜杠后留一个空白,以提高可读性。

如第三行所示,可以在语句后添加行注释,通常用至少一个空格分隔。

第四行和第五行中有另一种注释。这样的注释以字符对"/*"开始,以字符对"*/"结束。它可能会延续多行,因此称为"多行注释"。

Rust 程序员通常避免在代码中使用多行注释,而仅使用单行注释,使用多行注释只是暂时排除编译中的一些代码。

Rust 注释看起来与现代 C 语言注释相同。实际上,Rust 注释和 C 注释之间有一个重要区别:Rust 注释可以嵌套,而这种嵌套注释必须正确配对。

```
/* This is /* a valid*/
comment, even /* if /* it contains
comments*/ inside */itself.  */

/* This /* instead is not allowed in Rust,
while in C is tolerated (but it may generate a warning).*/
```

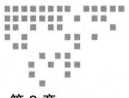

算 术 运 算

在本章中，你将学习：

❑ 如何计算整数或浮点数之间的算术运算

❑ 如何编写包含多个语句的程序

❑ 如何把字符串打印为多行

2.1 整数加法

让我们看看如何计算两个整数的和。例如，计算 80 和 34 的和。

将以下行作为 main 函数大括号中的唯一内容：

```
print!("The sum is {}.", 80 + 34);
```

执行此代码将打印 "The sum is 114."。

print 宏的第二个参数是表达式 80 + 34。

编译器肯定不会在可执行文件中存储这样的十进制数字格式。如果关闭了编译优化，则编译器只把两个数字转换为二进制格式并将此类二进制数和加法运算存储到可执行文件中。但是，如果启用了编译优化，则编译器会意识到表达式仅包含常数值，直接计算该表达式，获得整数 114，并将该数字以二进制格式存储到可执行程序中。在这两种情况下，运行时这样的数字都将格式化为三个字符的十进制字符串 114，然后将字面量字符串的占位符 {} 替换为此字符串。最后，当然，结果字符串将打印到控制台。

请注意，字符串 "The sum is 114." 已由程序生成。它不存在于源代码中，因此它仍然是字符串，但不是字面量字符串。

同样，两个字符的序列 80 直接在源代码中表示整数，因此它称为"字面整数"。两个字符 34 的情况相同。

与之相反的是整数 114，它以二进制格式保存到可执行文件中并在运行时加载入内存，它不是字面整数，因为它没有出现在源代码中。

也可以这样写：

```
print!("{} + {} = {}", 34, 80, 80 + 34);
```

执行此代码将打印 "34 + 80 = 114"。

在这种情况下，宏的第二个参数将放在第一个占位符的位置，第三个参数放在第二个占位符的位置，第四个参数将放在第三个占位符的位置。

你可以为" print"宏指定数百个参数，只要第一个参数之后的参数个数与第一个参数内部的占位符 "{}" 个数一样多。

2.2 整数之间的其他运算

可以使用 C 语言的所有整数算术运算符。例如：

```
print!("{}", (23 - 6) % 5 + 20 * 30 / (3 + 4));
```

这将打印 87。

让我们看看为什么。

Rust 编译器将完全像 C 编译器那样计算此公式。

首先，计算括号 23-6 和 3 + 4 中的运算，分别得出 17 和 7。

此时，表达式变为 17 % 5 + 20 * 30 / 7。

然后，对乘法和除法运算进行计算，因为它们比加法和减法具有更高的优先级，对于相同优先级的运算，从左到右依次计算它们。

17 % 5 是"整数除法的余数"运算，结果为 2，也就是 17/5 运算的余数部分。表达式 20 * 30 在下一个除法运算之前计算，因为它在其左侧。

此时，我们的表达式变为 2 + 600 / 7。

然后，执行整数除法（有截断）600/7，表达式已变为 2 + 85。

最后，求和，结果以十进制表示，占位符将替换为格式化的数字，并打印结果字符串。

这些算术运算始终对整数二进制数执行，得出整数二进制数，并且结果仅在用于替换占位符时才转换为十进制格式。

通常，编译器会生成机器语言指令，之后在程序运行时执行。但是，Rust 编译器是高度优化的，因此它尝试在编译时对那些可能使用源代码中的可用信息进行计算的表达式直接计算。我们上面的表达式仅由字面整数组成，因此整个表达式将在编译时计算完成，存储在可执行程序中的只有结果。虽然这样，但从概念上讲，我们可以认为计算是在运行时执行的。

2.3　浮点运算

让我们看看如何计算两个带有小数部分的数字之和，例如计算 80.3 和 34.9 之和。
将语句替换为：

```
print!("The sum is {}", 80.3 + 34.8);
```

运行此代码将打印 The sum is 115.1。

现在，在第二个数字中仅将字符"8"替换为"9"，得到：

```
print!("The sum is {}", 80.3 + 34.9);
```

运行此代码将打印 The sum is 115.19999999999999。

这会让那些预期得到 115.2 的结果的人感到惊讶。

在许多其他编程语言中也会发生这种现象，这是由于 Rust 几乎像每种编程语言一样使用"浮点"格式执行涉及非整数的计算。但在这里，我们将不再处理这种格式。

也可以对包含浮点数的表达式求值：

```
print!("{}", (23. - 6.) % 5. + 20. * 30. / (3. + 4.));
```

这将打印 87.71428571428571。

让我们看看为什么。

通过将小数点放在字面数字后面，可以将其转换为具有相同的值的字面浮点数。优先规则与整数算术相同，尽管除法有不同的结果⊖。

让我们看看如何对表达式求值。

23．- 6．和 3．+ 4．的求值类似于整数。

通过计算 17．% 5．，得到 2．，类似于整数。在 C 语言的浮点数中不存在这样的运算符，它对应于 C 语言的表达式 fmod(17., 5.)。

通过计算 "20．* 30."，得到 600.，这与整数相似。

⊖　从前面示例看，不只是除法，还包括其他运算。——译者注

通过计算 "600. / 7."，可以获得一个浮点数，该浮点数既不能以二进制表示法也不能以十进制表示法精确表示。在内部会生成二进制格式的近似表示。如果你要求 Rust 把这样的数字转换为十进制格式的近似表示形式，将得到字符串 85.71428571428571。

最后，将值 2. 加上该二进制数，将获得另一个无法精确表示的值，它以上面所示的方式打印出来。

请注意，与 C 语言不同，在 Rust 中不能简单地混合整数和浮点数运算。以下语句会生成一个编译错误：

```
print!("{}", 2.7 + 1);
```

一种使其合法的方法是添加一个小数点：

```
print!("{}", 2.7 + 1.);
```

但是，无论如何，这只是一个语法限制，而不是操作上的限制，因为如果在此之前没有在将两个操作数之一转换为另一个操作数的类型，机器代码将不能把整数和浮点数相加。C 编译器在遇到表达式 2.7 + 1 时隐式发出计算机语言指令，将整数 1 转换为浮点数，或者更好的是，转换为常数 1，它会在编译时转换为浮点数。在 Rust 中，这种转换必须是显式的。

最后，"%" 通常被不正确地命名为"取模"（或"模数"）运算符。最好将其命名为"取余数"运算符，因为数学取模运算符对于负数具有不同的行为。" %"运算符在 Rust 中的行为与 C 语言中类似：

```
print!("{} {}", -12 % 10, -1.2 % 1.);
```

这将打印 "-2 -0.19999999999999996"。

2.4 语句序列

作为 main 函数的函数体，请编写：

```
print!("{} + ", 80);
print!("{} =", 34);
print!(" {}", 80 + 34);
```

这将打印 80 + 34 = 114。

该程序现在包含三个语句，每个语句都以"；"字符结尾。这些语句按出现顺序执行。

如果 main 函数的函数体变成

```
print!("{} + ",80);print!("{} = ",34);
        print ! ( "{}" ,
    80     + 34 ) ;
```

其结果不会改变。实际上，其他空格（空白、制表符和换行）会被忽略。

但是，建议 Rust 程序员遵循以下规则：

❑ 在函数内部缩进四个空格；

❑ 避免在语句内添加几个连续的空格；

❑ 为了避免超过 80 列，尽可能把长语句分成多行。

2.5 分断字面量字符串

如前所述，为避免代码行太长，你可以在语法符号之间的任意点断开它们，就像在 C 语言中一样。但是，二者分断字面量字符串的语法是不同的。此代码是非法的：

```
println!("{}", "This"
    "is not allowed");
```

实际上，在 Rust 中，你不能像在 C 语言中那样简单地将字面量字符串并置。

不过，你可以在一行中开始一个字面量字符串，然后在下面几行结束。例如，这是一个合法程序：

```
fn main() {
    println!("{}", "These
        are
        three lines");
}
```

这是打印的内容：

```
These
        are
        three lines
```

如你所见，字面量字符串包含源文件中在字符串的开头和结尾之间的所有字符，包括换行符和行前导空白。

也许这就是你想要的，但是你可以做一些不同的事情：

```
fn main() {
    println!("{}", "This \
```

```
        is \
        just one line");
}
```

这将打印：

```
This is just one line
```

通过在字面量字符串的行末尾之前添加反斜杠字符（"\"），生成的字符串将既不包含该行尾字符也不包含后续空格。因此，忽略了下一行的前导空格。鉴于我们想要至少有一个空格，我们在反斜杠前插入了这样一个空格。

最后，如果我们想要包含多个结果行的单个字面量字符串，而无前导空格，可以这样写：

```
fn main() {
    println!("{}", "These
are
three lines");
}
```

或这样写：

```
fn main() {
println!("{}", "These\n\
    are\n\
    three lines");
}
```

两者都将打印：

```
These
are
three lines
```

第一种解决方案的缺点是没有遵守缩进约定，因此通常第二个解决方案更可取。在这样的解决方案中，行的末尾是序列 "\n"，它被编码为换行符序列，然后使用另一个反斜杠从此字符串中排除源代码中的换行符和后续空格。

命 名 对 象

在本章中，你将学习：

- ❑ "值""对象"和"变量"的概念
- ❑ 变量"可变性"的概念
- ❑ 初始化和重新分配之间的区别
- ❑ 如何避免未使用的变量的警告
- ❑ "布尔表达式"的概念
- ❑ 编译器对赋值执行哪种类型检查
- ❑ 一些运算符如何同时执行算术运算和赋值
- ❑ 调用 Rust 标准库中定义的函数

3.1 将名称与值相关联

到目前为止，我们已经看到了三种值：字符串、整数和浮点数。

但是，不应将值与对象和变量混淆。那么，让我们定义一下"值""对象"和"变量"这些词的实际含义。

单词"值"表示抽象的数学概念。例如，当你说"值 12"时，是指数字 12 的数学概念。在数学上，世界上只有一个数字 12。即使是 true 或 "Hello" 也是从概念上存在于宇宙中的单个实例的值，因为它们都是概念。

但是值可以存储在计算机的内存中。你可以在内存的多个位置存储数字 12 或字符串

"Hello"。因此，你可以有两个不同的但都包含 12 这个值的内存位置。

内存中包含值的部分称为"对象"。两个位于内存不同位置的不同对象，如果包含相同的内容，则称为它们"相等"。反之，当且仅当两个值不是不同的时，两个值才能称为"相等"，即它们实际上是相同的值。

编译 Rust 源代码时，生成的可执行程序仅包含具有存储位置和值的对象。这些对象没有名称。但在源代码中，可能会希望将名称与对象相关联，以便以后引用它们。例如，你可以编写如下代码作为 main 函数的函数体：

```
let number = 12;
let other_number = 53;
print!("{}", number + other_number);
```

这将打印 65。

如已经见到过的单词 "fn" 一样，单词 "let" 是 Rust 语言保留的关键字，即不能用于其他目的的词。

第一个语句在程序中引入了一个包含值 12 的对象，并将名称 number 关联到此对象。第二个语句引入了另一个对象并将其关联到另一个名称。第三个语句通过使用先前定义的名称访问这两个对象。

第一个语句具有以下效果：

❑ 它保留一个足够大的对象（即一块内存区域）以包含一个整数；
❑ 它以二进制格式将值 12 存储在该对象中；
❑ 它将名称 number 与该对象相关联，以便可以在源代码的后续位置中使用该名称来指示此对象。

因此，这样的语句不是简单的"别名"声明。这不代表"从现在开始，每当使用单词 number 时，我们将表示值 12"；而是它表示"应保留一个存储空间，让它最初包含值 12，并从现在起，每当使用 number 这个词时，我们将表示这个存储空间。"所以这样的语句同时声明一个对象和该对象的名称。"对象的名称"的同义词是"标识符"。成对的"标识符 – 对象"称为"变量"。因此，该语句是对一个变量的声明。

但这个语句不仅仅是声明。一个简单的变量声明只是保留对象的空间，并将标识符与此对象相关联。对象的值仍未定义。但是，此语句还分配了此类对象的初始值。分配对象的初始值称为"初始化"该对象。所以，我们说该语句声明并初始化了一个变量（declares and initializes a variable）。

为对象保留内存区的操作称为"分配"（allocation）该对象。相反，移除某对象会导致其内存区域变为可用于分配其他对象，称为该对象的"取消分配"（deallocation）。所以我们说该语句分配一个对象，将其赋予一个标识符，然后初始化该对象（或由一对"标识符 - 对象"组成的变量）。

这些概念与 C 语言中的相同。

第二个语句类似于第一个语句。

声明并初始化变量后，可以在表达式中使用该变量的名称，并且对该变量的求值给出存储其对象的值。实际上，上面的第三个语句似乎是把两个变量的名称相加，而效果是把它们的当前值相加。

如果省略了前两个语句中的任何一个，则第三个语句将生成编译错误，因为它将使用未声明的变量；这是禁止的。

在以下代码的第二个语句中

```rust
let number = 12;
print!("{} {}", number, 47);
```

会打印两个数字，分别是 12 和 47，但是 12 是作为一个变量（variable）的值打印的，而 47 是字面量（literal）。

3.2 可变变量

在适当地声明了变量之后，你可以在另一种语句中修改其值，称为'赋值'（assignment）:

```rust
let mut number = 12;
print!("{}", number);
number = 53;
print!(" {}", number);
```

这将打印 12 53。

第一个语句声明变量 number 并将其初始化为值 12。

第二个语句打印该变量的值。第三个语句将值 53 赋予相同的变量。第四个语句打印变量的新值。

赋值不分配对象。它只是修改一个已经分配的对象的值。

你可能已经注意到第一个语句包含单词 "mut"。它是一个 Rust 关键字，是"可变"（mutable）的英文缩写。实际上，常规名称"变量"（variable）是不适当的，因为它也适用于实际上无法改变的对象，因此这些对象是恒定的（constant 常量），而不是可变的（变量）；有人试图使用名称"绑定"（binding）来替代"变量"，但是"变量"这个名称在许多语言中根深蒂固，含义几乎是通用的。因此，在本文中，我们将始终使用"变量"一词。

假设将"变量"一词同时既用于将名称与可能进行更改的对象相关联，又用于将名称与无法更改的对象相关联，第一种变量称为"可变变量"，第二种称为"不可变变量"。

简单的关键字 "let" 声明一个不可变的变量，而需要 "let mut" 序列才能声明可变变量。

在上一节中，我们声明了两个不可变的变量，实际上这些变量的值在初始化后再也不会修改。

相反，在上面显示的最后一个程序中，假设我们要修改值变量，我们将其声明为可变的。否则，在第三个语句中，我们将收到此编译错误消息：re-assignment of immutable variable `number`（对不可变的变量"number"重新赋值）。

与上一节中的第一个 Rust 程序等效的 C 语言版本是：

```c
#include <stdio.h>
int main() {
    int const number = 12;
    int const other_number = 53;
    printf("%d", number + other_number);
    return 0;
}
```

而与本节中的 Rust 程序等效的版本是：

```c
#include <stdio.h>
int main() {
    int number = 12;
    printf("%d", number);
    number = 53;
    printf(" %d", number);
    return 0;
}
```

请注意，当 Rust 声明中不包含 "mut" 关键字时，相应的 C 声明包含 "const" 关键字，反之，当 Rust 声明包含 "mut" 关键字，相应的 C 声明不包含 "const" 关键字。

换句话说，在 C 语言中，最简单的声明形式定义了一个可变的变量，并且必须添加关键字以获得不变性，而在 Rust 中，最简单声明形式定义了一个不可变的变量，你必须添加一个关键字以获得可变性。

3.3　未变化的可变变量

如前所述，如果在初始化后尝试为不可变变量赋予新值，则会出现编译错误。另一方面，声明一个变量为可变变量，然后再也不为其分配新值不是错误。但是，编译器会注意到这种情况的不足，并将其报告为警告。代码

```
let mut number = 12;
println!("{}", number);
```

可能会生成以下编译消息（可能会根据编译器版本和编译选项的不同而变化）：

```
warning: variable does not need to be mutable
 --> main.rs:2:9
  |
2 |     let mut number = 12;
  |         ---^^^^^^
  |         |
  |         help: remove this `mut`
  |
  = note: #[warn(unused_mut)] on by default
```

警告消息的第二行指示源代码中引起警告的部分。它是文件 main.rs，从第 2 行的第 9 列开始。消息接下来的六行显示了这样的代码行，位于代码相关部分的下方，并建议更正。

最后一行表明存在可以设置为启用或禁用的编译指令禁用这种特定类型的警告报告。如警告消息所示，编译器的默认行为是在某些可变变量从未更改时打印警告。

3.4 未初始化的变量

到目前为止，每次我们声明变量时，我们都在同一个语句中对其进行初始化。

相反，我们也可以声明变量而无须在同一语句中对其进行初始化，如以下程序所示：

```
let number;
number = 12;
print!("{}", number);
```

它将打印 12。

那下面的代码做什么呢？

```
let number;
print!("{}", number);
```

它生成一个编译错误。编译器注意到第二行变量 number 的计算不需要赋值，因此第二个语句将具有未定义的行为。

但是，以下代码是有效的。

```
let number1;
let number2 = 22;
number1 = number2;
print!("{}", number1);
```

该程序将打印 22。该值首先在第二个语句中用于初始化变量 number2。然后在第三个语句中初始化变量 number1。

相反，以下代码将生成另一个编译错误：

```
let number1;
print!("{}", number1);
number1 = 12;
```

实际上，在这个例子中，变量 number1 是在第三个语句中初始化的，但是它已在第二个语句中求值，当时其值尚未定义。

但是，以下单独的语句也是非法的：

```
let number;
```

将一个值首次赋予某变量称为该变量的"初始化"，无论是在声明语句本身还是在随后的语句中发生。相反，进一步的赋值称为"重新赋值"（reassignments）。

因此，规则是，每个可变或不可变的变量都必须有一个初始化，并且这种初始化必须在遇到试图对这样的变量求值的语句之前进行。不可变的变量不能重新赋值。如果可变变量没有重新赋值，编译器会发出警告。

3.5 前导下划线

但是有时候，会碰巧声明一个变量，给它赋值，并且再也不使用这样的变量的情况。当然，所有这些都有明确定义的行为。但是初始化一个变量，却永远不使用它的值有什么用呢？编译器正确地怀疑它是一个编程错误，并将其报告为警告。如果编译此代码：

```
let number = 12;
```

你收到以下警告：

```
warning: unused variable: `number`
 --> main.rs:2:9
  |
2 |     let number = 12;
  |         ^^^^^^
  |
= note: #[warn(unused_variables)] on by default
= note: to avoid this warning, consider using `_number` instead
```

如果此类警告令人讨厌，请使用警告所指示的指令将其屏蔽；但警告的最后一行建议采用一种更简单的方法：

```
let _number = 12;
```

此代码不生成任何警告。下划线字符（"_"）允许放在标识符的任何一部分，但是如果它是第一个字符，则具有屏蔽此类警告的作用。因此，按照惯例，每当你不打算在获得初始值后不对标识符进行求值时，可以在它前面加上下划线。

此外，以下语句不会产生错误或警告：

```
let _ = 12;
```

但是，这个语句有其他含义。它没有声明变量。一个下划线字符不是有效的标识符，但它是一个占位符，表示不指定任何名称。这是一个"无关紧要的"符号。

当你尝试对该符号求值时，会出现差异。以下程序是有效的：

```
let _number = 12;
print!("{}", _number);
```

但以下程序不合法：

```
let _ = 12;
print!("{}", _);
```

它会生成一个编译错误，其中包含消息 "expected expression,found `_`"（预期表达式，但找到了"_"）。

因此，单独的下划线不是有效的表达式。相反，它是你不想指定的某些语法符号的占位符。当然，它在代码中不允许。我们已经看到不允许指定要声明的变量的名称，但不允许在表达式中求值，因为这样的符号没有值。

3.6　布尔值

Rust 为了表示真值，使用了关键字 true 和 false。这样的关键字是具有非数字类型的表达式，称为"布尔"。（Boolean）

编写代码

```
let truth = true;
let falsity = false;
print!("{} {}", truth, falsity);
```

这将输出 true false。

布尔值，除了通过关键字 true 和 false 求值，还通过由关系表达式生成。例如：

```
let truth = 5 > 2;
```

```
 let falsity = -12.3 >= 10.;
 print!("{} {} {}", truth, falsity, -50 < 6);
```

这将输出 true false true。

在上面的代码中，表达式 5>2，应读为"5 大于 2"，这在算术上为真，因此它使用 true 布尔值初始化了 truth 变量值。

在第二行执行类似的操作，它将两个浮点数字用大于或等于运算符进行比较。

最后，在第三行中，"小于"运算符直接在表达式中使用，这是调用 print 宏的第四个参数。

关系运算符如下：

❑ ==：等于

❑ !=：不等于

❑ <：小于

❑ <=：小于或等于

❑ >：大于

❑ >=：大于或等于

如你所见，Rust 关系运算符与 C 语言中使用的运算符相同。

每个关系运算符都适用于两个整数或两个浮点数，甚至其他类型的值，如字符串。例如：

```
print!("{} {} {}", "abc" < "abcd", "ab" < "ac", "A" < "a");
```

这将打印 true true true。

但是，要比较的两个值必须是同一类型。例如，表达式 3.14 > 3 不合法。

比较字符串时，使用 "<" 运算符，应视为"在前"，而不是被认为是"比……更少"，而 ">" 运算符应视为"在后"。排序标准是语言词典的排序标准，也称为"词典序"。

这样的标准如下。首先比较的是两个字符串的首字符，然后继续比较两个字符串相同位置的字符，直到发生以下情况之一：

❑ 如果两个字符串都没有其他字符了，则它们相等。

❑ 如果一个字符串没有其他字符，而另一个则有其他字符，则较短的字符串在较长的字符串之前。

❑ 如果两个字符串都包含更多字符，且下一个对应字符不同，则下一个字符在字母表中靠前的字符串在另一个字符串之前。

在示例中的第一个比较中，处理完两个字符串的前三个字符后，第一个字符串结束，而第二个字符串还有字符，因此，第一个字符串按顺序在第二个字符串之前。

在第二个比较中，第二个字符不同，并且"b"字母在"c"字母之前，因此整个字符串"ab"在字符串"ac"之前。

在第三个比较中，将大写字母"A"与小写字母"a"进行比较。按照定义大写字母在小写字母之前，因此在这种情况下，第一个字符串在第二个字符串之前。

3.7 布尔表达式

布尔值可以用所谓的逻辑连接词 (logical connectives) 组合在一起：

```
let truth = true;
let falsity = false;
println!("{} {}", ! truth, ! falsity);
println!("{} {} {} {}", falsity && falsity, falsity && truth,
    truth && falsity, truth && truth);
println!("{} {} {} {}", falsity || falsity, falsity || truth,
    truth || falsity, truth || truth);
```

这将打印：

```
false true
false false false true
false true true true
```

熟悉 C 语言的人不会觉得有任何新鲜的。

运算符 "!"，读为"not"，会为 false 参数生成一个 true 值，并且为 true 参数生成一个 false 值。

运算符 "&&"，读为"逻辑且"，如果它的两个参数都为 true，则产生一个 true 值，在其他情况下都为 false。

运算符 "||"，读为"逻辑或"，如果它的两个参数均为 false，则产生一个 false 值，在其他情况下为 true。

逻辑连接词的优先级不同：

```
print!("{} {}", true || true && ! true,
    (true || true) && ! true);
```

这将打印："true false"。

运算符 "!" 具有最高优先级，并将第一个表达式转换为 true || true && false；然后 "&&" 运算符的优先级比 "||" 运算符高，因此接着对其求值，然后将该表达式转换为 true ||false；最后对 "||" 运算符进行求值，并将该表达式转换为 true。

如果你想使用其他计算顺序，则可以使用括号，上边第二个表达式中的括号实际上更改了表达式的值，首先更改为 true && false，然后更改为 false。

3.8 赋值中的类型一致性

程序

```
let mut n = 1;
print!("{}", n);
n = 2;
print!(" {}", n);
n = 3;
print!(" {}", n);
```

将打印 1 2 3。

但是如果我们将第五行更改为

```
n = 3.14;
```

编译器将报告值 3.14 是错误的类型。其实第一行创建了一个使用整数初始化的变量，其类型为"整数"；第三行为该变量分配一个仍为"整数"类型的值；但是第五行将为该变量赋予一个浮点数值。这是不允许的，因为对于"整数"类型的变量，仅能赋予"整数"类型的值。

通常，在 Rust 中，每个变量的类型都是在编译时定义的，并且每个表达式都具有在编译时定义的值。

例如，以下所有表达式的类型均为"整数"：12、12-3、12 - (7 % 5)。以下表达式的类型为"浮点数"：12.、12. - 3.、12. - (7. % 5.)。表达式 "hello" 是"字符串"类型，而表达式 false 和 4 > 3 为"布尔"类型。

变量的类型可以推导得出，或者，正如通常所说的那样，可以从用于初始化此类变量的表达式类型来推断。正如我们之前所说，仅包含

```
let number;
```

这一行的程序是非法的；但是通过编译错误消息可以清楚地说明原因，其中包含 type annotations needed(需要类型符号) 的文本，然后是 cannot infer type(无法推断类型) 的文本。

编译器了解变量的类型后，所有对这样的变量的赋值都必须在 "=" 符号的右边具有这种类型的表达式。

此外，请注意以下几点：

```
let number1 = 12;
let _number2 = number1;
```

在这里，字面整数 12 的类型为"整数"，因此 number1 变量的类型也为"整数"，因此第二行中出现在 = 号右边的初始化表达式就是这种类型，因此变量 _number2 是相同的类型，因为它是由此类表达式初始化的。

回到上一个示例，我们尝试使用数字 3.14，有几种方法可以解决类型不匹配的问题。一种是编写：

```
let mut n = 1.;
print!("{}", n);
n = 2.;
print!(" {}", n);
n = 3.14;
print!(" {}", n);
```

在此代码中，只有浮点数，因此没有类型错误。

3.9 类型和可变性的改变

另一种可能性是编写：

```
let mut n = 1;
print!("{}", n);
n = 2;
print!(" {}", n);
let n = 3.14;
print!(" {}", n);
```

在这种情况下，第一个语句声明类型为"可变整数"的变量"n"，并将其初始化；第三个语句更改该变量的值；而第五个语句重新声明变量 "n"，并使用类型为"浮点数"的表达式对其进行初始化，因此变量本身一定是该类型。

在某些编程语言中，这是不允许的。相反，Rust 允许它，因为重新声明不会覆盖现有变量，但它们始终会创建新变量。

当然，在这样的声明之后，第一个变量不再可访问，但是它还没有被销毁。我们说旧变量已被新变量"遮盖"了。

注意，最后一个声明创建了另一个类型，也具有不同的可变性的变量，即在第一个语句中声明的变量是可变的，但在第五个声明中声明的变量不是可变的。因此，例如，以下代码在最后一个语句中会生成编译错误：

```
let mut _n = 1;
_n = 2;
let _n = 3.14;
_n = 5.9;
```

因为重新声明引入了一个新变量，该变量遮盖了第一个变量，所以这种变量可以是任何类型：

```
let x = 120; print!("{} ", x);
let x = "abcd"; print!("{} ", x);
let mut x = true; print!("{} ", x);
x = false; print!("{}", x);
```

这将打印 `120 abcd true false`。

3.10 赋值算术运算符

在 Rust 中，经常需要编写这样的代码：

```
let mut a = 12;
a = a + 1;
a = a - 4;
a = a * 7;
a = a / 6;
print!("{}", a);
```

这将打印 10。与 C 语言类似，此类表达可能用如下方式缩写。

```
let mut a = 12;
a += 1;
a -= 4;
a *= 7;
a /= 6;
print!("{}", a);
```

实际上，这些不仅是缩写，而是不同的运算符，但是表现得像算术运算符，然后是赋值；例如，运算符 += 等效于首先执行加法，然后赋予加法的结果。

3.11 使用标准库的函数

与任何编程语言一样，即使是 Rust，它只使用内置功能也做不了多少事，该语言及其大部分功能都委托给外部库。

除了使用可下载的库之外，每个 Rust 安装都提供了一个官方库，即所谓的"标准库"。与 C 语言需要使用 #include 指令将所需的标准库文件包含在源代码中不同，在默认情况下，Rust 包括其整个标准库，应用程序代码可以立即使用标准库的功能，而无须包含外部模块：

```
print!("{} {}", str::len("abcde"), "abcde".len());
```

这将打印 5 5。

在这里，调用一个函数或例程。它的名字是 len，表示"长度"的英文缩写，它是标准库的一部分。

在 Rust 中，要调用许多函数（包括 len 函数），有两种可能的语法形式，上面的示例展示了这两种形式。

len 函数返回以参数形式传递的字符串中包含的字节数。

第一种语法形式具有过程样式，而第二种语法形式具有面向对象的风格。

在第一种形式中，首先指定包含函数的模块的名称，在本例中是 str，其中定义了字符串操作函数；然后，指定函数的名称，以两个冒号（::）分隔；然后，指定可能的参数，并用括号括起来。

在第二种形式中，首先指定第一个参数。然后是函数名，两者以点分隔；最后是包含在括号中的其他可能的参数。

即使没有参数，也必须加括号（就像在 C 语言中一样）。

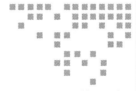

控制执行流

在本章中，你将学习：

❑ 如何使用 if 语句基于布尔条件执行不同的语句

❑ 如何使用 if 表达式根据布尔条件生成不同的值

❑ 如何使用 while 语句只要满足布尔条件就重复某些语句

❑ 如何使用 for 语句把某些语句重复执行一定的次数

❑ 变量的有效范围是什么

4.1　条件语句（if）

布尔值的主要用途是在决定如何继续执行程序方面进行决策。假设你要打印一个单词，但前提是给定数字为正：

```
let n = 4;
if n > 0 { print!("positive"); }
```

这将打印 positive。

第二行包含 if 语句，与许多其他语言相似。在这样的语句中，对 if 关键字后面的布尔表达式进行求值。这样的表达式称为"条件"。仅当条件的计算结果为 true 时，才会执行以下大括号中的语句。

大括号中可以包含零个或多个语句。因此，它们类似于"main"函数的函数体。通常，用大括号括起来的一系列语句称为"块"（block）。

这里的语法与其他语言（例如 C）的语法不同，原因如下：

❏ 条件必须是布尔类型。因此，不允许使用以下语法：if 4 { print!("four"); }。

❏ 不需要把条件放在小括号中间，通常不会这样做。实际上，如果这样做了，编译器会发出警告。

❏ 条件之后，需要一个（语句）块。因此，既不允许使用以下语法：if 4 > 0 print!("four"); 也不允许使用以下语法：if (4 > 0) print!("four");。

如果在条件值为 false 的情况下仍要执行某些操作，则可以引入替代情况，并在它之前使用 else 关键字：

```rust
let n = 0;
if n > 0 {
    print!("number is");
    print!(" positive");
}
else {
    print!("non positive");
}
```

这将打印 non positive。

如你所见，由于整个 "if" 语句很长，因此它被分成 7 行，并且把块中包含的语句缩进了四列，以使该块更加明显。

当然，如果有两种以上的情况，则可以通过以下方式在块中插入 if 语句：

```rust
let n = 4;
if n > 1000 {
    print!("big");
}
else {
    if n > 0 {
        print!("small");
    }
    else {
        if n < 0 {
            print!("negative");
        }
        else {
            print!("neither positive nor negative");
        }
    }
}
```

但是，允许使用以下等效语法使其更具可读性。

```
let n = 4;
if n > 1000 {
    print!("big");
}
else if n > 0 {
    print!("small");
}
else if n < 0 {
    print!("negative");
}
else {
    print!("neither positive nor negative");
}
```

注意，在 else 关键字之后，必须放置一个块或另一个 if 语句。

4.2　条件表达式

除了编写之前的代码，你可以编写等效的代码：

```
let n = 4;
print!("{}",
    if n > 1000 {
        "big"
    }
    else if n > 0 {
        "small"
    }
    else if n < 0 {
        "negative"
    }
    else {
        "neither positive nor negative"
    }
);
```

在此，使用"条件表达式"，类似于 C 语言三元运算符 "?:"。C 语言中的相应代码是：

```
#include <stdio.h>
int main(int argc, char **argv) {
    int n = 4;
    printf("%s",
        n > 1000 ?
            "big" :
        n > 0 ?
            "small" :
        n < 0 ?
```

```
            "negative" :
            "neither positive nor negative");
    }
```

最后一个 Rust 程序没有包含"print"宏的四个调用，而仅包含一个具有两个参数的调用。第一个参数只是说要打印第二个参数，而第二个参数是一个扩展到十二行的表达式。像前面的示例一样，这种表达式使用 "if" 和 "else" 关键字，但是它在块中包含简单的字面量字符串，而不包含语句。

对这种复合表达式的求值与上一个示例中的 if-else 语句类似，但是在确定了应该执行哪个块之后，在本例中，对块中包含的表达式进行了求值，而在上一个示例中，执行了块中包含的语句，从计算中获得的值视为 "if-else" 表达式整体的值。之后，要打印的宏将使用该值。

与 C 语言中 "?:" 运算符的主要区别在于，在 Rust 中，条件表达式与条件语句具有相同的语法。它们作为条件表达式的特征是其所有块都不以分号结尾。在这种情况下，包含在块中的表达式会给出复合 if 表达式的值。

为了使复合表达式具有唯一的类型，要求该表达式至少具有一个 else 分支，并且其所有块均以相同类型的表达式结尾。例如，不允许写

```
let a = if true { "abc" };
```

因为在其他情况下 a 的值将无法定义；而且也不允许写

```
let a = if true { "abc" } else { 12 };
```

因为第一个块的值是一个字符串，而第二个块的值是整数，所以编译器将无法确定 a 变量的类型。相反，可以编写语句

```
let _a = if true { "abc" } else { "xy" };
let _b = if true { 3456 } else { 12 };
let _c = if true { 56.9 } else { 12. };
```

因为在第一个语句中只有字符串，在第二个语句中只有整数，在第三个语句中只有浮点数；所以 _a 是一个字符串，_b 是一个整数，而 _c 是一个浮点数。

4.3 条件循环（while）

假设你要打印 1 到 10 之间的整数（包括 1 和 10）的平方。你可以使用下面的语句来做到这一点

```
let mut i = 1;
while i <= 10 {
    print!("{} ", i * i);
    i += 1;
}
```

将打印 1 4 9 16 25 36 49 64 81 100。

这里，类似于 C 语言，使用了 "while" 关键字。计算其后的布尔条件，如果其值为 true，则执行以下块。while 语句与 "if" 语句不同，因为执行完代码块后，它会重复条件的求值并可能重新执行该块，直到条件的值为 false 为止，或者直到该代码块因其他原因而退出为止。

此处的语法与其他语言（如 C）不同，如同已经见到的 "if" 语句的语法那样。

在我们的示例中，将可变变量 "i" 声明为整数，并将其初始化为 1。这个值表示要打印的平方数。

"while" 语句检查该值是否小于或等于 10 的值，在条件成立时，将执行该块，然后再次计算布尔条件。在代码块内部，"i" 的值递增，因此在十次迭代后，"i" 的值是 11；此时不再满足循环条件，因此 "while" 语句执行结束。

虽然在 C 语言中也有 do…while 语句，但 Rust 中没有这样的语句。不过，Rust 中也存在与 C 语言相同的 break 和 continue 语句。它们的目的分别是从整个循环中提前退出，以及从循环唯一的当前迭代中提前退出。

例如，我们希望打印从 1 到 50 的每个不能被 3 整除的整数的平方，只要该平方不大于 400 就继续打印，我们可以这样写：

```
let mut i = 0;
while i < 50 {
    i += 1;
    if i % 3 != 0 {
        if i * i <= 400 {
            print!("{} ", i * i);
        }
    }
}
```

或者，使用 continue 和 break，我们可以编写等效的代码：

```
let mut i = 0;
while i < 50 {
    i += 1;
    if i % 3 == 0 { continue; }
    if i * i > 400 { break; }
    print!("{} ", i * i);
}
```

这两个版本的前三行相同。

在第一个版本中，如果 i 除以 3 的余数不等于零，即，该数字不能被 3 整除，则迭代继续进行；而在第二个版本的程序中，如果该数字可被 3 整除，则执行 continue 语句，因此当前迭代立即结束，并且到达了下一个迭代。

注意，要让下一个迭代处理下一个数字，需要递增该数字。因此，这种递增被放在迭代的开始位置。

使用 continue 关键字可以提高可读性，因为它使块的嵌套级别降低了一层。

此外，在程序的第一个版本中，将检查平方是否大于 400，并且仅在不超过限制的情况下才打印该值。在第二个版本中，考虑到以下事实：鉴于数字是稳定递增的，一旦其平方超过 400，在随后的每次迭代中，它的平方都将超过该值；因此，一旦平方超过 400，就会执行 break 语句，并立即退出整个循环。

类似于 continue 关键字，使用 break 关键字也能够提高可读性，而且由于避免了多次无用的迭代，它也可以提高速度。

4.4　无限循环（loop）

有时会执行所谓的无限循环，这意味着只有在程序被强制终止，或者通过执行退出循环的语句（例如 break 关键字）时，执行流才会从此类循环退出。例如，要打印所有小于 200 的平方数，我们可以写

```
let mut i = 1;
while true {
    let ii = i * i;
    if ii >= 200 { break; }
    print!("{} ", ii);
    i += 1;
}
```

将会打印 1 4 9 16 25 36 49 64 81 100 121 144 169 196。

但是，编译器将建议 denote infinite loops with `loop { ... }`（使用 `loop {...}` 来表示无限循环）。编译器建议用更直观的 loop 关键字替换 while true 子句，从而获得等效的程序：

```
let mut i = 1;
loop {
    let ii = i * i;
    if ii >= 200 { break; }
```

```
        print!("{} ", ii);
        i += 1;
}
```

4.5　计数循环（for）

又是 C 语言（以及许多其他语言）中著名的 for 循环？

即使在 Rust 中也有 for 关键字，在 Rust 中也有一定次数的迭代，但是在 Rust 中它的用法与 C 语言中的有很大不同。

这是一个解决打印从 1 到 10（包括 1 和 10）的整数的平方问题的程序：

```
for i in 1..11 {
    print!("{} ", i * i);
}
```

在大括号之后，for 语句的语法与 while 语句的语法相同，这意味着可以使用 break 和 continue 语句，但是语句的第一部分有很大不同。

在 for 关键字之后，先有一个将以这种方式创建的变量的名称。在我们的示例中，它是 "i"。

然后是 in 关键字，后跟两个整数数字的表达式，并用符号 ".." 分隔。

执行此循环意味着向 i 变量赋予第一个数字值，然后使用 i 变量的该值执行该块，然后将 i 的值加 1，用 i 的这个值再次执行该块，依此类推。当 i 的值达到第二个数值时，代码块"不"执行，并且 for 语句结束。因此，虽然第一个限制值包括在使用的值序列中，但第二个限制值被排除在外。

由于第二个限制值已从循环中排除，因此要从 1 迭代到 10，你必须编写 1..11。

如前所述，循环变量是由循环语句声明的，并且在循环结束时销毁。如果已经有一个具有相同名称的变量，则对于整个循环，该变量都将被屏蔽，将被忽略，并在循环结束后再次变为有效，如以下代码所示：

```
let index = 8;
for index in 0..4 { print!("{} ", index); }
print!(":{}", index);
```

这将打印："0 1 2 3 :8"。

注意，这两个限制甚至可能是复杂的表达式，但是无论如何，这两个表达式都是在循环开始之前求值的。程序

```
let mut limit = 4;
for i in 1..limit {
```

```
        limit -= 1;
        print!("{} ", i);
    }
    print!(":{}", limit);
```

将打印 "1 2 3 :1"。让我们看看为什么。

首先，创建 limit 变量，并将其值初始化为 4。

然后，计算循环的极值。包括的第一个极值是 1，而排除的最后一个极值是 4。

因此，该块执行了 3 次。第一次是 i=1，第二次是 i=2，第三次是 i=3。每次执行该块时，limit 的值都会递减 1，因此从 4 变为 1。但是，这不会影响将要执行的迭代次数。

这与以下 C 语言程序不同：

```c
#include <stdio.h>
int main() {
    int limit = 4;
    for (int i = 1; i < limit; i++) {
        limit -= 1;
        printf("%d ", i);
    }
    printf(":%d ", limit);
    return 0;
}
```

这将显示 "1 2 :2"，因为随着 limit 的减小，在第二次迭代后不再满足循环条件。

4.6　变量作用域

我们已经看到很多使用块的语句："main"函数、"if"语句/表达式、"while"语句、"loop"语句和"for"语句。

在这种情况下，尽管你可以在希望包含某些语句的任何地方使用块，但仍需要使用块。例如：

```
print!("1");
{
    print!("2");
    print!("3");
    {
        print!("4");
        {
            print!("5");
            { { } }
            print!("6");
```

```
        }
    }
    print!("7");
}
```

这将打印 **"1234567"**。当然，大括号必须正确配对。

缩进和其他空格是可选的，它们不会更改生成的可执行文件。它们的目的仅仅是使源代码更具可读性。

但是所有这些括号的目的是什么？在上面的示例中，它们没有任何用途，但是如果你编译以下代码：

```
{ let i = 10; }
print!("{} ", i);
```

你会收到错误消息，`cannot find value \`i\` in this scope`（无法在第二行的范围中找到值"i"），就像从未声明过变量 i 一样。之所以会这样，是因为每个变量都在声明它的块的末尾不再存在。

声明了变量的块称为变量的"作用域"。因此，在我们的示例中，i 的作用域仅持续一行。

变量的作用域还包括在声明变量的块中嵌套的可能的块。代码

```
{
    let i = 10;
    {
        let j = 4;
        {
            print!("{} ", i);
        }
        print!("{}", i + j);
    } // End of the scope of "j"
} // End of the scope of "i"
```

将打印 **10 14**。在本例中，i 的作用域持续 9 行，而 j 的作用域持续 6 行。

现在让我们检查一下这段代码

```
{
    let i = 10;
    {
        let i = 4;
        print!("{} ", i);
    } // End of the scope of the second "i"
    print!("{} ", i);
} // End of the scope of the first "i"
```

将打印 4 10。

我们已经说过，允许定义一个与已经存在的变量同名的变量，在这种情况下，上一个变量被新的声明"遮蔽"，而不是"覆盖"。

此处，首先声明一个名为 i 的变量，并使用值 10 对其进行初始化。然后，声明另一个同名变量，并使用值 4 对其进行初始化。然后，打印具有该名称的变量值。因为第二个变量遮蔽了第一个，所以使用第二个变量的值，因此打印 4。然后，第二个变量因超出其作用域而销毁，第一个变量再次变为可见。第二个打印语句使用第一个变量的值，该值尚未销毁。

因此，我们看到可以插入成对的大括号以有目的地限制变量的作用域。

而且变量的可见性规则也适用于 "if"、"while" 和 "for" 语句块。因此下面的代码

```
let mut _i = 1;
if true { let _i = 2; }
print!("{} ", _i);

while _i > 0 { _i -= 1; let _i = 5; }
print!("{} ", _i);
```

将打印 1 0。

实际上，在第二行中执行语句 let _i = 2; 是正确的，但是该语句的作用是创建一个新变量，并在同一行中销毁它，因此在第三行中，将打印第一个以 _i 命名的变量的值。

在最后一行中，由于 _i 最初大于零，因此 while 语句的循环体将首次执行。在这样的循环体内部，_i 的值递减为零，然后创建另一个具有相同名称 _i 的变量并立即销毁。既然现在原始 _i 为零，则 while 语句结束，最后打印第一个（也是唯一一剩余的）变量的值。

你应该认为任何变量声明都会创建一个对象，并且当声明该变量的作用域结束时会销毁该对象。

而且，每次使用变量名称时，除了声明它之外，实际引用的变量都是具有该名称的最新声明的变量，并且尚未销毁。

使用隐喻语言，可以将对象的创建视为其诞生，而将对象的销毁视为其死亡。因此，我们可以说每次使用变量名都是指具有这种名称的最年轻的活跃变量。

使用数据序列

在本章中，你将学习：

❏ 如何定义具有固定长度（数组）或可变长度（向量）的相同类型的对象序列

❏ 如何通过列出项或指定一项及其重复个数来指定数组或向量的初始内容

❏ 如何读取或写入数组或向量的单个项的值

❏ 如何在向量中添加项或从向量中删除项

❏ 如何创建具有多个维度的数组

❏ 如何创建空数组或向量

❏ 如何打印或复制整个数组或向量

5.1 数组

到目前为止，我们已经看到了如何在变量中存储字符串、数字或布尔值。如果要将多个字符串存储在单个变量中，可以编写

```
let x = ["English", "This", "sentence", "a", "in", "is"];
print!("{} {} {} {} {} {}",
    x[1], x[5], x[3], x[2], x[4], x[0]);
```

会显示："This is a sentence in English."

第一条语句将 x 变量声明为一个不可变对象，该对象由语句本身指定的六个对象组成的数组组成，所有对象都是字符串类型。这种对象确实称为"数组"。

第二条语句包含六个表达式，每个表达式都对 x 的不同元素进行读取访问。此类访问通过放在方括号之间的位置索引或下标指定要访问的项。请注意，索引始终从零开始，因此，由于数组有六个元素，最后一项的索引为 5。此行为类似于 C 语言数组的行为。

要确定数组中有多少个元素，可以执行以下操作：

```
let a = [true, false];
let b = [1, 2, 3, 4, 5];
print!("{}, {}.", a.len(), b.len());
```

它将打印 "2，5"。

a 变量是两个布尔值组成的数组，而 b 变量是五个整数组成的数组。

第三条语句在对象 a 和 b 上调用标准库的 len 函数，以获取数组中包含的对象数。这些调用的语法和语义都与用于获取字符串字节长度的表达式 "abc".len() 相似。

请注意，在示例中，每个数组都包含相同类型的元素。只能都是字符串、都是布尔值或都是整数。

如果尝试编写

```
let x = ["This", 4];
```

或

```
let x = [4, 5.];
```

你会收到一个编译错误，表明数组不能包含不同类型的对象。

可以创建许多类型的项的数组，只要在每个数组中的所有项都属于同一类型即可。

之所以如此，是因为没有单一类型的"数组"。"数组"的概念是适用于泛型类型的，由其项的类型以及其项数进行参数化。因此，在本章的第一个示例中，变量 x 的类型为"5 个字符串的数组"。而在第二个示例中，a 的类型是"2 个布尔值的数组"；b 类型是"5 个整数的数组"。

在以下程序中，除第一行外的每一行都会生成一个编译错误：

```
let mut x = ["a"]; // array of strings
x[0] = 3;
x[-1] = "b";
x[0.] = "b";
x[false] = "b";
x["0"] = "b";
```

第二条语句是错误的，因为它试图为字符串数组的项赋予一个整数。后续语句是错误的，因为索引不是非负整数，而数组索引必须是大于或等于零的整数。

以下是另一种情况：

```
let x = ["a"]; // array of strings
let _y = x[1];
```

即使我们知道在只有一个项的数组中读取索引 1 项（第二项）是毫无意义的，编译器也允许使用此语句。

但是，在程序运行时，其机器代码在访问该数组项之前会检查该索引是否有效，如在本例中那样索引无效，则它将终止程序的执行并发出运行时错误信息。

注意，这种异常终止不是由操作系统引起的，而是由 Rust 编译器插入可执行程序中的指令引起的（换句话说，它不是"段违例陷阱"，而是"中止"）。这样，程序在每次访问数组时，都会检查用于该访问的索引是否有效，如果意识到索引超出了数组范围，则自动终止执行。

使用 Rust 术语，这种提前终止程序执行的行为称为"紧急"（panic），而终止程序的行为称为"紧急处理"（panicking）。这样，每个数组访问都有明确定义的行为，而众所周知的是，在 C 语言中的越界数组访问具有未定义的行为。

但是，编译器无法始终检查此类索引，因此会（不管执行结果是否有错地）生成可执行程序。实际上，在本例中，由于索引是一个常数值，并且数组大小始终是恒定的，因此编译器可以检查该索引是否无效，因此它发出警告：this expression will panic at runtime 此表达式将在运行时发生紧急情况，然后是 index out of bounds: the len is 1 but the index is 1 索引越界：len 为 1，但索引为 1。

5.1.1　可变数组

只能在可变数组上修改数组的项：

```
let mut x = ["This", "is", "a", "sentence"];
x[2] = "a nice";
print!("{} {} {} {}.", x[0], x[1], x[2], x[3]);
```

这将显示 "This is a nice sentence."。

第一句包含 "mut" 关键字，第二个语句将新字符串分配给数组的第三项。编译器允许此操作，因为以下三个条件成立：

- ❏ x 变量是可变的。
- ❏ 新赋值的类型与 x 的其他项相同。实际上，它们都是字符串。
- ❏ 索引是非负整数。

另外，在运行时，由于索引在数组边界之间，即条件"0 <= 2"和"2 <4"成立，因此会正常执行而不触发紧急处理。

相反，不允许将项添加到数组中或从数组中删除项。因此，它的长度是编译时定义的常数。

与任何可变变量一样，数组类型的可变变量可以是另一个数组的赋值目标：

```
let mut x = ["a", "b", "c"];
print!("{}{}{}. ", x[0], x[1], x[2]);
x = ["X", "Y", "Z"];
print!("{}{}{}. ", x[0], x[1], x[2]);
let y = ["1", "2", "3"];
x = y;
print!("{}{}{}.", x[0], x[1], x[2]);
```

这将打印 "abc. XYZ. 123."。

在第一行中，将创建一个数组并将其赋给 x 变量。在第三行中，创建另一个数组并将其赋予同一个 x 变量，因此替换了所有现有的三个字符串。在第五行中，创建另一个数组并将其赋给 y 变量。在第六行中，将这样的数组赋予 x 变量，因此替换了三个现有值。

如果 x 不可变，则会产生两个编译错误：一个在第三行，一个在第六行。

以下代码在第二行和第三行均生成编译错误：

```
let mut x = ["a", "b", "c"];
x = ["X", "Y"];
x = [15, 16, 17];
```

实际上，由于第一行，x 的类型为"由三个字符串类型的元素组成的数组"。第二行中的语句尝试为 x 赋予一个类型为"由两个字符串类型的元素组成的数组"的值；而第三行中的语句尝试为 x 赋予一个类型为"由三个整数类型的元素组成的数组"的值。在第一种情况下，虽然每个元素的类型正确，但元素的数量错误；相反，在第二种情况下，虽然元素的数量是正确的，但是每个元素的类型是错误的。在这两种情况下，要赋予的整个值的类型都与目标变量的类型不同。

5.1.2 指定大小的数组

我们已经看到了如何通过列出最初包含的项来创建数组。

如果你要处理许多项，则无须编写许多表达式，而可以编写

```
let mut x = [4.; 5000];
x[2000] = 3.14;
print!("{}, {}", x[1000], x[2000]);
```

将打印 "4,3.14"。

第一条语句将 x 变量声明为具有 5000 个浮点数的可变数组，所有浮点数最初都等于 4。请注意，在方括号之间使用了分号，而不是逗号。

第二条语句将值 **3.14** 赋予此数组位置为 2000 处的项。

最后，打印位置 1000 处的从未改变的值，以及在位置 2000 处的更改后的值。请注意，此数组的有效索引从 0 至 4999。

要扫描数组的项，"**for**" 语句非常有用：

```
let mut fib = [1; 15];
for i in 2..fib.len() {
    fib[i] = fib[i - 2] + fib[i - 1];
}
for i in 0..fib.len() {
    print!("{}, ", fib[i]);
}
```

这将打印："**1, 2, 3, 5, 8, 13, 21, 34, 55, 89, 144, 233, 377, 610,**"。

该程序计算著名的斐波那契数列的前 15 个数字，并且随后打印它们。这个数列是这样定义的：前两个数字都是 1，其他每个数字都是前两个数字的和。

分析程序代码。

第一条语句创建一个名为 **fib** 的变量，并使用 15 个数字 1 的数组对其进行初始化。

之后三行中的语句是一个 **for** 循环，其中 **i** 变量初始化为 2，并递增到 14。此循环的循环体从第三项开始，将前两项之和赋予数组的每一项。假定在写入每一项时，前面的项都已经获得了它们的正确值，那么这种赋值将始终使用正确的值。

最后，还有另一个 "for" 循环，但是这次它的索引从 0 开始。

5.1.3 多维数组

你可以轻松地编写具有多个维度的数组：

```
let mut x = [[[[23; 4]; 6]; 8]; 15];
x[14][7][5][3] = 56;
print!("{}, {}", x[0][0][0][0], x[14][7][5][3]);
```

这将打印："**23,56.**"

第一条语句声明了一个由 15 个项组成的数组，这 15 项都是由 8 个项组成的数组，而这 8 个项又都是由 6 个项组成的数组，而这 6 个项又都是由 4 个项组成的数组，最后这 4 个项都用整数 23 初始化。

第二条语句首先访问此数组的第 15 个也是最后一项，因此得到一个数组，然后它访问此数组的第 8 个也是最后一项，因此又得到一个数组；然后访问该数组的第 6 项也是最后一项，因此又得到一个数组；然后访问该数组的第 4 个也是最后一项，因此得到整数类型的项；最后，它将整数 56 赋予此项。

第三条语句打印数组的第一项和最后一项的内容。

因为多维数组只不过是数组的数组，所以很容易获得给定数组的大小：

```
let x = [[[[0; 4]; 6]; 8]; 15];
print!("{}, {}, {}, {}.",
    x.len(), x[0].len(), x[0][0].len(), x[0][0][0].len());
```

这将打印："15, 8, 6, 4."。

数组的一个很大限制是必须在编译时定义数组大小。

```
let length = 6;
let arr = [0; length];
```

此代码的编译会生成 attempt to use a non-constant value in a constant（尝试在常量中使用非常量值）错误。实际上，表达式 length 是一个变量，因此从概念上讲它不是编译时常量，尽管它是不可变的，即使它是刚刚由常量初始化的。数组的大小不能是包含变量的表达式。

5.2　向量

为了创建在运行时定义大小的对象序列，Rust 标准库提供了 Vec 类型（vector 的简写）。

```
let x = vec!["This", "is"];
print!("{} {}. Length: {}.", x[0], x[1], x.len());
```

这将打印："This is. Length: 2."

第一条语句看起来像一个不可变数组的创建，唯一的不同之处是 vec! 子句。

这样的子句是对标准库 "vec" 宏的调用。"vec" 也是 "vector" 的缩写。

实际上，这种宏的作用是创建一个向量，该向量最初包含方括号之间指定的两个字符串。实际上，在此对象上调用 len() 时，将返回 2。

向量允许做数组允许做的所有事情，但是还允许在初始化它们后改变其大小：

```
let mut x = vec!["This", "is"]; print!("{}", x.len());
x.push("a"); print!(" {}", x.len());
x.push("sentence"); print!(" {}", x.len());
x[0] = "That";
for i in 0..x.len() { print!(" {}", x[i]); }
```

这将打印："2 3 4 That is a sentence."

第一行创建一个可变的向量 x，最初包含两个字符串，并打印其长度。

第二行在刚创建的向量 x 上调用 push 函数，并打印其新长度。此函数将其参数添加到向量的底部。为了合法，它必须正好具有一个参数，并且该参数必须与向量的项具有相同的类型。"push"一词通常用于将项添加到"栈"数据结构的操作。

第三行在向量 x 的末尾添加另一个字符串（"sentence"），从而使向量包含四个项，并打印向量的新长度。

第四行替换向量 x 第一项的值。正因为 x 变量是可变的，才允许执行此操作以及前两个操作。

第五行扫描向量 x 的四个项，并将它们全部打印在终端上。再来看一个例子：

```
let length = 5000;
let mut y = vec![4.; length];
y[6] = 3.14;
y.push(4.89);
print!("{}, {}, {}", y[6], y[4999], y[5000]);
```

这将打印："3.14, 4, 4.89"。

第二行声明一个变量 y，该变量的值是一个包含值 4. 的序列的向量。该序列的长度由变量 length 指定。数组不允许这样做。

第三行更改向量 y 第七项的值。

第四行在向量 y 的末尾添加一个新项。因为向量有 5000 项，新项将获得位置 5000，即具有 5001 项的向量的最后一个位置。

最后，将打印三个项：已更改的项、添加之前的最后一个项和刚刚添加的项。

因此，我们看到，与数组不同的是，你可以创建在运行时定义长度的向量，并且可以在执行期间更改它们的长度。向量，像数组一样，都是泛型类型，但是每个数组的类型由两个参数（一个类型和一个长度）定义，每个向量的类型都由一个参数（其元素的类型）定义。每个向量的长度在运行时是可变的，因此长度不属于向量的类型，因为在 Rust 中，所有类型都仅在编译时定义。

因此，这是一个有效的程序：

```
let mut _x = vec!["a", "b", "c"];
_x = vec!["X", "Y"];
```

因为字符串向量可以赋值给字符串向量，尽管它们的长度不同。相反，这是非法的：

```
let mut _x = vec!["a", "b", "c"];
_x = vec![15, 16, 17];
```

因为数字向量不能赋值给字符串向量。

既然向量可以做所有数组可以做的事，为什么还需要使用数组呢？答案是数组效率更高，因此，如果在编译时知道要放入集合中的项数，则可以使用数组而不是向量来得到更快的程序。

那些了解 C++ 语言的人应该已经想到 Rust 数组等效于 C++ std::array 对象，而 Rust 向量等效于 C++ std::vector 对象。

向量的其他运算

标准库提供了许多有关向量的操作。这里是其中的一些：

```
let mut x = vec!["This", "is", "a", "sentence"];
x.insert(1, "line");
x.insert(2, "contains");
x.remove(3);
x.push("about Rust");
x.pop();
for i in 0..x.len() { print!("{} ", x[i]); }
```

该程序将打印："This line contains a sentence."

让我们来分析一下。第二行将字符串"line"插入位置 1，即第二个位置，紧接在字符串 This 之后。

第三行在下一个位置插入字符串"contains"。

第四行删除在最后两次插入后位于位置 3（即字符串 is，最初位于位置 1）的项。

至此，我们已经有了所需的向量，但是，为了显示向量的其他特性，我们在末尾添加了一个字符串，然后将其删除。

如下所示，vector.push(item); 语句等效于 vector.insert(vector.len(), item);，而语句 vector.pop() 等同于 vector.remove(vector.len() - 1)。

鉴于 "push" 和 "pop" 仅在最后一个位置起作用，而 "insert" 和 "remove" 则可以在任何位置起作用，所以有人会认为前两个语句的使用量远少于后两个语句，甚至几乎无用。不过，这样认为是错误的，因为使用向量在最后位置添加或删除项是很典型的操作。它至少与在其他位置添加或删除项一样普遍。

请注意，insert 库函数对三个参数进行操作：一个是要插入项的向量，它是在函数名称之前编写的；另一个是向量内部的位置，要在其中插入项，并将其作为括号中的第一个参数传递；第三个是要插入的值，作为括号中的第二个参数传递。

如果写错了

```
let mut _x = vec!["This", "is", "a", "sentence"];
_x.insert("line", 1);
```

这意味着"将数字 1 插入向量 _x 的 "line" 位置"。编译器会报告这种逻辑错误，因为与任何 Rust 函数一样，insert 函数要求其参数列表必须具有该函数本身定义的类型。应用于字符串向量的 insert 函数需要两个参数：

第一个必须是整数，第二个参数必须是字符串。传递更多或更少的参数或不同类型的参数都会导致编译错误。

只使用整数的向量时才可能出现歧义：

```
let mut _x = vec![12, 13, 14, 15];
_x.insert(3, 1);
```

该代码是有效的，但是粗略地看，是在位置 3 插入数字 1（确实如此），还是在位置 1 插入数字 3（事实并非如此）并不明显。因此，只有使用整数的向量，编译器才不会检测到交换两个参数的逻辑错误。在其他任何情况下，编译器都有助于避免这种错误。

5.3 空数组和空向量

我们看到，数组和向量都是泛型类型，通过其项的类型进行参数化，并且通过用于初始化此类数组或向量的表达式的类型来推断。

现在，假设我们要调用一个函数 f，该函数接受两个参数：一个是选项的数组，其中每个选项都是一个字符串；另一个是选项的向量，其中每个选项都是整数。我们可以使用以下有效语句来调用它：

```
f(["help", "debug"], vec![0, 4, 15]);
```

但是，如果要告诉该函数我们不想传递任何选项，则可以尝试编写：

```
f([], vec![]);
```

但是，这是不允许的，因为没有任何项的类型用于推断参数的类型，因此编译器无法确定数组的类型或向量的类型。

那么，我们如何声明一个空数组或一个空向量呢？如果我们编译

```
let _a = [];
```

我们会收到 type annotations needed "需要类型注释" 的编译错误消息，然后是 cannot infer type. "无法推断类型。"

相反，如果我们编写

```
let _a = [""; 0];
```

编译会成功，并创建一个空数组，其类型为字符串数组。指定的空字符串永远不会在运行时使用；它仅由编译器用来理解该表达式是字符串数组。

同样，代码

```
let _a = vec![true; 0];
let _b = vec![false; 0];
```

声明两个具有相同类型且初始值也相同的变量，"true" 和 "false" 表达式仅用于将类型指定为布尔值。

因此，可以通过以下方式调用上面的函数：

```
f([""; 0], vec![0; 0]);
```

5.4 调试打印

如我们所见，"print" 和 "println" 宏的第一个参数仅接受字符串，但是可能的其他参数可以是各种类型，包括整数、浮点数和布尔值。但是，如果要打印数组或向量的内容，则不允许使用以下代码：

```
print!("{} {}", [1, 2, 3], vec![4, 5]);
```

因为作为第二个参数传递的数组和作为第三个参数传递的向量都没有标准的显示格式，所以会发出两个错误消息。

但是，在调试程序时，显示此类结构的内容很有用，而不必求助于 "for" 循环。为此，你可以编写

```
print!("{:?} {:?}", [1, 2, 3], vec![4, 5]);
```

将显示 "[1, 2, 3] [4, 5]"。

通过在占位符的大括号内插入字符 :?，你要告诉 print 宏（和 println 宏）为相应的

数据生成调试格式。因此，每当你要打印任何变量的内容时，即使 "{}" 不起作用，你也可以希望 "{:?}" 起作用。

5.5　复制数组和向量

如果要复制整个数组或整个向量，则无须编写扫描其项的代码：

```
let mut a1 = [4, 56, -2];
let a2 = [7, 81, 12500];
print!("{:?} ", a1);
a1 = a2;
print!("{:?}", a1);
```

这将打印："[4, 56, -2] [7, 81, 12500]"。实际上，a1 数组完全被 a2 数组的内容覆盖。

在这种情况下，使用向量，其行为是相同的：

```
let mut a1 = vec![4, 56, -2];
let a2 = vec![7, 81, 12500];
print!("{:?} ", a1);
a1 = a2;
print!("{:?}", a1);
```

但是，以下代码使用数组

```
let mut a1 = [4, 56, -2];
let a2 = [7, 81];
print!("{:?} ", a1);
a1 = a2;
print!("{:?}", a1);
```

生成编译错误 mismatched types（不匹配的类型）；而下面的代码使用向量

```
let mut a1 = vec![4, 56, -2];
let a2 = vec![7, 81];
print!("{:?} ", a1);
a1 = a2;
print!("{:?}", a1);
```

有效，并将打印："[4, 56, -2] [7, 81]"。

发生所有这一切都是因为，正如我们之前所看到的，每个数组的类型还由其大小来说明，而每个向量的类型则没有。而且，通常，在 Rust 中，你永远不能将一种类型的表达式复制到另一种类型的变量上。

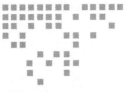

Chapter 6 | 第 6 章

使用基本类型

在本章中，你将学习：

❑ 如何以十六进制、八进制或二进制表示法书写数字字面量

❑ 如何使用下划线字符使数字字面量更易于阅读

❑ 如何使用指数表示法以紧凑的形式书写大或小的数字

❑ 十个基本整数数字类型和两个基本浮点数字类型都是什么，它们的取值范围是多少以及何时使用更合适

❑ 如何指定具体类型或无约束类型的数字字面量

❑ 如何将数值转换为其他数值类型

❑ 其他基本类型：布尔值、字符和空元组

❑ 类型推断如何工作

❑ 如何表示数组和向量的类型

❑ 如何为编译时常量指定名称

❑ 如何使用编译器发现表达式的类型

6.1 非十进制数字基数

我们每天书写数字的方式使用了所谓的"十进制表示法"或"基数为十的表示法"，但是有时以不等于十的基数书写数字会很方便：

```
let hexadecimal = 0x10;
let decimal = 10;
let octal = 0o10;
let binary = 0b10;
print!("{} {} {} {}",
    hexadecimal, decimal, octal, binary);
```

这将打印："16 10 8 2"。这是因为，如果字面整数以零位开头，后跟"x"（即"十六进制"（hexadecimal）的第三个字母），则该数字以十六进制表示；相反，如果它以零开头，然后是"o"（即"八进制"（octal）的首字母），则它是一个以八进制表示法表示的数字；而如果它以零开头，后跟"b"（即"二进制"（binary）的首字母），则它是一个以二进制表示法表示的数字。在其他所有情况下，该数字均以十进制表示。

本示例的数字以不同的符号表示，但它们都是同一类型：整数。其实你可以这样写：

```
let hexadecimal = 0x10;
let octal = 0o10;
let binary = 0b10;
let mut n = 10;
print!("{} ", n);
n = hexadecimal;
print!("{} ", n);
n = octal;
print!("{} ", n);
n = binary;
print!("{} ", n);
```

这将打印："10 16 8 2"。

n 变量可以接收其他变量的赋值，因为它们都是同一类型。

相反，浮点数只能用十进制表示。

请注意，此类表示形式仅存在于源代码中，因为 Rust 编译器生成的机器代码始终对整数和浮点数使用二进制表示法。

例如，程序：

```
print!("{} {}", 0xA, 0b100000000);
```

和程序

```
print!("{} {}", 10, 256);
```

生成完全相同的可执行程序。

最后一点：用作十六进制数字的字母可以大写或小写。例如，数字 0xAEf5b 等于数字 0xaeF5B。

相反，用于表示数字基数的字母必须为小写。因此，表达式 0X4、0O4 和 0B4 都是非法的。

6.2 数字字面量中的下划线

我们看到可以将整数"十亿"写为 1000000000。但是你确定它恰好包含九个零吗？

如果将"十亿"整数写为 1_000_000_000，则可读性更高。下划线字符（"_"）可以插入到任何字面数字，甚至是浮点数中，并且编译器会忽略它们。

即使数字 3 4_.56_ 是有效数字，也等于 34.56。尽管通常下划线字符仅用于将十进制数字或八进制数字分成三个一组，或把十六进制或二进制数字分成四个一组，如：

```
let hexadecimal = 0x_00FF_F7A3;
let decimal = 1_234_567;
let octal = 0o_777_205_162;
let binary = 0b_0110_1001_1111_0001;
print!("{} {} {} {}",
    hexadecimal, decimal, octal, binary);
```

这将打印 "16775075 1234567 134023794 27121"。

6.3 指数表示法

浮点数可以达到巨大的正值和负值，例如一万亿亿亿，也可以是非常小的值，非常接近零，例如一万亿亿亿分之一。如果使用到目前为止使用的符号来表示如此大或小的数字，我们通常应该写许多零，即使使用下划线，结果数字也很难阅读。

但是你也可以用另一种方式书写浮点型字面数字：

```
let one_thousand = 1e3;
let one_million = 1e6;
let thirteen_billions_and_half = 13.5e9;
let twelve_millionths = 12e-6;
```

第一行使用的字面量意思是"一乘以十的三次方"。用十进制表示法，等同于将数字写在"e"之前，然后将小数点向右移动与"e"之后的数字所示的位置，如果没有足够的数字，再补零。在我们的例子中，我们写 "1"，然后将小数点向右移动三个位置，并添加足够多的零，因此得到数字"1000"。

"e"之前的数字称为"尾数"，而其后面的数字称为"指数"。它们都是有符号的十进制数字。尾数也可以有一个小数点，并且后面可以有一个小数部分。

该表示法称为"指数表示法"（exponential）。即使没有小数点，用指数表示法表示的字面量仍然是浮点数。

该示例中的第二字面量表示"一乘以十的六次方"，即数字"1000000"。

第三个字面量意思是"十三点五乘以十的九次方"。已经有一个小数位，我们必须将小数点移至该小数位之后，然后必须添加八个零以获取值"13500000000"。该数字也可以写为 1.35e10，表示"一点三五乘以十的十次方"，或者为 135e8，也可以为 13500e6，以及其他方式，但所有表示方式均生成相同的机器代码。

最后，第四个字面量是"十二乘以十的负六次方"，或者等效地，"十二除以十的六次方"。使用 10 的负指数等效于写下尾数，然后将小数点向左移动与指数负号后表示的数字一样的位数，再加上所需的零。因此，数字 12e-6 等于数字 0.000012。

6.4 各种有符号整数

到目前为止，我们说过有两种类型的数字：整数和浮点数。

有些编程语言只有浮点数，而没有整数的特定类型。对于这类语言，具有两种不同的数字类型更为复杂。但是在 Rust 中，实际上有十种不同的整数数字类型和两种浮点数字类型，因此它相对非常复杂。具有更多的数字类型可能具有优势，因此许多编程语言都具有多种数字类型。

到目前为止，我们在没有进一步说明的情况下使用了整数和浮点数，但是在定义此类数字的内部格式时可能会更精确。

Rust 的一个重要方面出现了：效率。实际上，Rust 的设计效率很高。

简单的语言可能只使用 32 位整数。但是，如果我们要存储一长串小数字，比如说介于 0 到 200 之间，并且每个值都存储在 32 位对象中，会浪费一些内存，因为仅使用 8 位（即 32 位的四分之一）就可以表示 0 到 200 之间的任何数字。

这不仅可以节省内存空间或存储空间，还可以优化速度。当对象越大时，它们使用的缓存空间就越大；并且缓存空间受到严格限制。如果对象不能包含在高速缓存中，则其访问将降低程序速度。要拥有快速的程序，你应该在缓存中保留尽可能多的已处理数据。为此，对象应尽可能小。在我们的示例中，存储的数字不应超过 8 位。

另一方面，32 位数字可能不足以表示应用程序所需的所有值。例如，一个程序可能需要精确存储超过一百亿的数字。在这种情况下，需要具有大于 32 位的类型。

因此，Rust 提供了使用 8 位整数、16 位整数、32 位整数以及 64 位整数的机会。并且如果需要很多个数字，就像在数组或向量中一样，建议使用能够代表应用程序逻辑所需的所有值的最小数据类型。

让我们看看如何使用这些数字：

```
let a: i8 = 5;
let b: i16 = 5;
let c: i32 = 5;
let d: i64 = 5;
print!("{} {} {} {}", a, b, c, d);
```

插入到第一条语句中的"：i8"子句以及后面的三个语句中的类似子句定义要声明的变量类型以及该变量表示的对象类型。

i8、i16、i32 和 i64 是 Rust 关键字，分别标识类型"8 位有符号整数""16 位有符号整数、"32 位有符号整数"和"64 位有符号整数"类型。i 字母是"整数"（integer）的首字母。

这些类型可以精确地标识对象将使用多少位。例如，"a"变量将使用八位，将能够表示 256 个不同的值，并且作为有符号数，这样的对象将能够包含介于 –128 和 +127 的值，包括极值。

变量"a""b""c"和"d"具有四种不同的类型，因此，如果将这些变量中的一个赋值语句附加到另一个变量上，如 b = d;，我们将得到一个编译错误。

我们已经看到不可能计算整数和浮点数之间的加法，因为它们的类型不同。类似地，不可能将具有不同位数的两个整数相加：

```
let a: i8 = 5;
let b: i16 = 5;
print!("{}", a + b);
```

该语句生成一条编译错误，并显示消息"类型不匹配"。但是，以下代码有效，并且将打印 "23 23 23"：

```
let a: i16 = 5;
let b: i16 = 18;
let c: i64 = 5;
let d: i64 = 18;
let e: i32 = 5;
let f: i32 = 18;
print!("{}", a + b);
print!("{}", c + d);
print!("{}", e + f);
```

也许有人会怀疑为什么整数的位数必须精确地为 8、16、32 或 64，而不是 19。

这是由于三个原因，所有这些都与效率有关：

❑ 每个现代处理器都有用于算术和数据传输的指令，这些指令只能有效地应用于具有 8、16、32 和 64 位的数字。无论如何，将由处理 32 位数字的相同机器语言指令来处理 19 位数字，因此，将 19 位类型与 32 位类型区分没有好处。

❑ 处理大小为 2 的幂的对象时，内存管理效率更高。因此，具有不同大小的对象会导致代码效率降低，或者需要分配额外的空间以达到 2 的幂（此操作称为 "填充"）。

❑ 如果对大小不同的对象执行相同的概念操作，则编译器必须生成不同的机器语言指令。如果有许多不同的类型，那么即使所有这些类型的源代码都相同，也必须有很多机器代码。这种现象称为 "代码膨胀"。它严重地使用了指令高速缓存，因此导致程序变慢。相反，如果一个程序只包含几种类型，编译器可以生成更紧凑的代码，这更适合 CPU 缓存。

第三个原因可能表明不要总是使用最小的类型，而仅使用一种类型，可以是大类型。实际上，使用最小可能类型的规则仅适用于相当大的数据集合，而对于单个对象（也称为 "标量"）或非常小的集合，使用尽可能少的数据类型更为有效。因此，最大化缓存效率的一般规则是 "使机器代码和数据使用的内存最小化"。

6.5　无符号整数类型

如果我们必须定义一个包含整数的对象，该整数会具有介于 0 和 200 的值，哪种类型最适合使用？根据 6.4 节，在可以代表所有此类值的类型中使用最小的类型可能更好。i8 类型是最小的，但只能代表 -128 到 +127 之间的值，因此不好。所以，对于到目前为止遇到的类型，我们必须使用 i16。

这不是最佳选择，因为如果重新解释（译者注：即把有符号解释为无符号）它们，则 0 至 255 之间的所有值（包括极值）都只能用 8 位表示。而且这种重新解释已经包含在所有现代处理器的机器语言中，因此不使用它会很可惜（即 "低效率"）。

因此，Rust 允许使用其他四个数字类型：

```
let a: u8 = 5;
let b: u16 = 5;
let c: u32 = 5;
let d: u64 = 5;
print!("{} {} {} {}", a, b, c, d);
```

在这里，我们介绍了其他四种类型的整数。字母 "u" 是 "无符号"（unsigned）的简写，表示它是无符号整数。"u" 字母后的数字表示该对象使用了多少位。例如，"a" 变量使用 8 位，用它可以表示 256 个不同的值，因此，如果它是无符号数，则这些值将是 0 到 255 之间的整数，包括极值。

但是至少还有另一个原因更喜欢无符号数字而不是有符号数字。如果要检查有符号的整数 x 是否在（包括）零和（排除）正数 n 之间，则应编写布尔表达式 0 <= x && x <n。但是，如果 x 是一个无符号数，则可以简单地使用表达式 x<n 进行此检查。

请注意，变量 "a""b""c" 和 "d" 具有四种不同类型，它们之间是不同的，并且也与相应的有符号类型不同。

6.6 目标相关的整数类型

到目前为止，我们已经看到了八种不同的类型来表示整数，但是 Rust 仍然具有其他整数类型。

访问数组或向量中的项时，哪种类型应有索引？

你可能会认为，如果数组较小，则可以使用 i8 值或 u8 值，而如果数组较大，则需要使用 i16 值或 u16 值。

并非如此。结果表明，最有效的类型用作数组或向量的索引：

❑ 在 16 位计算机上，它是一个无符号的 16 位整数；

❑ 在 32 位计算机上，它是一个无符号的 32 位整数；

❑ 在 64 位计算机上，它是一个无符号的 64 位整数。

换句话说，数组或向量的索引应该是无符号的，并且应该具有与内存地址相同的大小。

目前，Rust 不支持 16 位系统，但是 32 位系统和 64 位系统都支持。因此，我们应该使用哪种类型来编写一些在 32 位计算机和 64 位计算机上都是最优化的源代码呢？

注意，与在哪个系统上运行编译器无关，但是与在哪个系统上运行由编译器生成的程序有关。实际上，通过所谓的"交叉编译"，编译器可以为运行该编译器的体系结构不同的系统生成机器代码。生成机器代码的系统称为"目标"。因此，需要指定一个整数数字类型，其大小取决于目标，如果目标是 32 位系统，则为 32 位整数；如果目标是 64 位系统，则为 64 位整数。

为此，Rust 包含 isize 类型和 usize 类型：

```
let arr = [11, 22, 33];
let i: usize = 2;
print!("{}", arr[i]);
```

这将打印 "33"。

单词 usize 中，"u" 字母表示它是无符号整数，而 "size" 表示它是一种用于度量某些

（可能非常大的）对象长度的类型。

如果编译器正在为 32 位系统生成机器代码，则编译器将 usize 类型实现为 u32 类型；如果为 64 位系统生成机器代码，则编译器将其实现为 u64 类型。如果支持 16 位系统，则在为此类系统生成代码时，可能会将 usize 类型实现为 u16 类型。

通常，每当需要一个无符号整数，且具有与内存地址（即指针）相同大小的无符号整数时，usize 类型很有用。

特别是，如果必须索引数组：

```
let arr = [11, 22, 33];
let i: usize = 2;
print!("{}", arr[i]);
let i: isize = 2;
print!("{}", arr[i]);
let i: u32 = 2;
print!("{}", arr[i]);
let i: u64 = 2;
print!("{}", arr[i]);
```

此代码将生成三个编译错误，每个 print 调用均会产生一个错误，第一个调用除外。实际上，只允许将 usize 类型用作数组的索引。

如果使用向量而不是数组，则会打印类似的错误消息。

这样，Rust 只允许我们以最有效的方式访问数组和向量。请注意，即使在 32 位系统上也不允许使用 u32 类型的索引，在 64 位系统上也不能使用 u64 类型的索引。这保证了源代码的可移植性。

为了对称起见，还有 isize 类型，它是一个有符号整数，具有与目标系统中的内存地址相同的大小。

6.7 类型推断

在前面的章节中，我们在声明变量时未指定其类型，在此我们讨论的是“整数”“浮点数”等类型。

在本章中，我们开始将数据类型注释添加到变量声明中。

但是，如果未指定任何类型，则变量是否仍具有特定类型，或者是泛型类型？

```
let a = [0];
let i = 0;
print!("{}", a[i]);
```

该程序有效。怎么回事？我们不是说要索引数组，只有 usize 表达式有效吗？

实际上，每个变量和每个表达式都始终具有定义明确的类型，但并不总是需要显式指定这种类型。在许多情况下，编译器可以从使用所涉及的变量或表达式的方式推导（deduce）出它，或者如通常所说的那样推断（infer）出它。

例如，在前面的示例中，在将整数值 0 赋给 "i" 之后，编译器推断出 "i" 的类型必须是整数，但尚未确定它是在 Rust 中可用的十个整数类型中的哪一个。

我们说这种变量的类型是泛型的（generic），或更好的说法，无约束的（unconstrained）整数。

但是，当编译器意识到这种变量用于索引数组时（仅允许使用 usize 类型的操作），编译器将 usize 类型赋予 "i" 变量，因为它是唯一允许的类型。

在这个程序中

```
let i = 0;
let _j: u16 = i;
```

编译器首先确定"i"的类型为"无约束整数"，然后确定"_j"的类型为 u16，因为该类型已显式标注，然后确定为"i"用于初始化"_j"，该操作仅对类型 u16 的表达式允许，它确定"i"也属于此类型。

相反，编译此程序

```
let i = 0;
let _j: u16 = i;
let _k: i16 = i;
```

在第三行会生成一个错误，消息为 expected i16, found u16（预期 i16，找到 u16）。

实际上，根据上述推理，编译器在第二行确定 "i" 必须为 u16 类型，但是在第三行 "i" 用于初始化类型为 i16 的变量。

相反，此程序有效：

```
let i = 0;
let _j: u16 = i;
let _k = i;
```

在这种情况下，变量 "_k" 的类型为 u16。

注意，这种推理总是在编译时执行。在每次成功编译的最后阶段，每个变量都有一个具体的受约束类型。

如果编译器无法推断变量的类型，则会生成编译错误。相反，如果编译器成功推断出该类型为整数 1，但无法将其约束为特定的整数类型，则作为"默认"整数类型，它将采用

i32 类型。

例如：

```
let i = 8;
let j = 8_000_000_000;
print!("{} {}", i, j);
```

该程序将打印："8 -589934592"。

这两个变量的类型均为 i32。太糟糕了，第二个初始化的数字太大而无法包含在 i32 对象中。

编译器意识到了这一点，因此它发出 literal out of range for i32（字面量超出 i32 范围）的警告。在 Rust 中，出于效率原因，类似于 C 语言，整数数值溢出在编译时或运行时均不会产生错误。但是，结果是该数字以截断的二进制格式存储，仅保留最低有效的 32 位，然后 print 宏将这些位解释为有符号整数。

类型推断算法

我们看到，编译器始终尝试为每个变量和每个表达式确定具体类型。对于到目前为止我们所看到的，它使用的是以下算法。

当然，如果显式指定了一种类型，则该类型必须是指定的类型。

如果尚未确定变量或表达式的类型，并且将此类变量或表达式用于仅对特定类型有效的表达式或声明中，然后以这种方式为此类变量或表达式确定类型。这样的确定可以是受约束的，也可以是无约束的。约束类型是特定类型，例如 i8 或 u64，而无约束类型是类型的类别，例如 {integer}。

如果在解析结束时，编译器只确定变量是无约束的整数类型，则将该类型定义为 i32。相反，如果完全不能确定类型，则会生成编译错误。

6.8　浮点数值类型

关于浮点数字类型，情况与整数相似，但更为简单：目前在 Rust 中，只有两种浮点类型。

```
let a: f64 = 4.6;
let b: f32 = 3.91;
print!("{} {}", a, b);
```

该程序将打印："4.6 3.91"。

"f64" 类型是 64 位浮点数的类型，而 "f32" 类型是 32 位浮点数的类型。"f" 字母是"浮点数"（floating-point）的简写。这些类型分别与 C 语言的 "double" 和 "float" 类型分别对应。

到目前为止，Rust 还没有其他数字类型，但是如果添加了 128 位浮点类型，则其名称可能是 "f128"。

我们关于整数类型的说法也适用于这些类型。例如：

```
let a = 4.6;
let mut _b: f32 = 3.91e5;
_b = a;
```

该程序合法。编译器在分析第一行后，确定变量 "a" 具有无约束的浮点数字类型。然后，解析第三行，确定变量 "a" 的类型为 f32，因为这是唯一允许将值赋予 f32 类型的变量的类型。

"默认"浮点类型是 64 位。因此，如果此程序中没有最后一行，则 "a" 变量将为 f64 类型。

对于浮点数，在 32 位和 64 位数字之间进行选择的条件与整数相似，但更模糊一些。32 位数字占用的内存和缓存量仍然确实仅为 64 位数字的一半。而且，可以用 64 位数字表示的最大值仍然确实大于可以由 32 位数字表示的最大值。但 f32 能表示的数已经够大的了，以至于很少会被超越。

不过，更重要的事实是，如果 64 位数字的尾数位数更多，这将使这些数字更加精确。实际上，32 位数字具有 24 位尾数，而 64 位数字具有 53 位尾数。

为了给你一个直观感受，32 位数字可以精确地表示所有最大不超过约 1600 万的整数，而 64 位数字可以精确地表示所有不超过约 900 亿的整数。换句话说，以十进制表示，f32 类型的每个值几乎都有 7 个有效数字，而每个 f64 几乎都有 16 个有效数字。

6.9 显式转换

我们已经说过几次，Rust 执行严格的检查类型：每当编译器预期某种类型的表达式时，如果发现另一种类型的表达式，它将生成错误，即使是相似的类型也会报错；并且在每个算术表达式中，编译器都希望其操作数具有相同的类型。

这些规则可能会禁止任何涉及不同类型对象的计算，但事实并非如此：

```
let a: i16 = 12;
let b: u32 = 4;
```

```
let c: f32 = 3.7;
print!("{}", a as i8 + b as i8 + c as i8);
```

这将打印："19"。

变量 "a"，"b" 和 "c" 具有三种不同的类型。最后一个甚至不是整数。但是，通过使用 "as" 运算符，然后使用类型名称，你可以进行许多种转换，包括上面显示的三种。

此例的所有三个对象都被转换为类型 i8 的对象，因此可以将这样得到的对象加起来。

请注意，如果目标类型的表达能力不及原始类型，则可能会丢失信息。例如，当你将分数 3.7 转换为整数类型 i8 时，分数部分将被丢弃，并得到 3。

此代码的行为有些难以预测：

```
let a = 500 as i8;
let b = 100_000 as u16;
let c = 10_000_000_000 as u32;
print!("{} {} {}", a, b, c);
```

也许会令人惊讶，它将显示："-12 34464 1410065408"。

只有考虑用于表示整数的二进制代码时，这种行为才容易理解。

不能仅使用 8 位来表示值 500，而至少需要 9 位。如果采用二进制表示形式，则提取其最低有效 8 位，然后将 8 位序列解释为 "i8" 对象，当使用十进制表示法打印该对象时，得到 -12。

类似地，十万的二进制表示形式的最低有效 16 位（解释为无符号整数）以十进制表示为 34464；十亿的二进制表示形式的最低有效 32 位（解释为无符号数字）以十进制表示为 1410065408。

因此，如果将 as 运算符应用于整数对象，则从该对象中提取足够的最低有效位以表示指定的类型，并生成该值作为表达式的结果。

6.10　数字字面量的类型后缀

到目前为止，我们使用了两种数字字面量：整数，例如 -150；和浮点数，例如 6.022e23。前者的类型为"无约束的整数"，后者的类型为"无约束的浮点数"。

如果要限制数字，可以采用以下几种方法：

```
let _a: i16 = -150;
let _b = -150 as i16;
let _c = -150 + _b - _b;
let _d = -150i16;
```

所有这四个变量的类型均为 i16，并且它们具有相同的值。

第一个语句已明确声明为此类型。在第二行中，无约束的整数表达式被转换为特定类型。在第三行中，表达式包含特定类型的子表达式 "_b"，因此整个表达式都将得到该类型。最后，在第四行中使用新的表示法。

如果在整数字面数字之后指定类型，则字面数字将获得这种类型，就像插入了 "as" 关键字一样。注意，在字面数字和类型之间，不允许有空格。如果愿意，可以添加一些下划线，例如 -150_i16 或 5_u32。

同样，你可以修饰浮点数字面量：6.022e23f64 是 64 位浮点数，而 -4f32 和 0_f32 是 32 位浮点数。请注意，如果没有小数位，则不需要小数点。

6.11 所有数值类型

总之，这是一个使用所有 Rust 数值类型的示例：

```rust
let _: i8 = 127;
let _: i16 = 32_767;
let _: i32 = 2_147_483_647;
let _: i64 = 9_223_372_036_854_775_807;
let _: isize = 100; // The maximum value depends on the target architecture
let _: u8 = 255;
let _: u16 = 65_535;
let _: u32 = 4_294_967_295;
let _: u64 = 18_446_744_073_709_551_615;
let _: usize = 100; // The maximum value depends on the target architecture
let _: f32 = 1e38;
let _: f64 = 1e308;
```

这是所有 Rust 内置整数类型的列表：

类　型	占用字节	最小值	最大值
i8	1	−128	+127
i16	2	−32 768	+32 767
i32	4	−2 147 483 648	+2 147 483 647
i64	8	-2^{63}	$+2^{63} - 1$
isize	4 或 8	在 32 位目标上 −2 147 483 648；在 64 位目标上：-2^{63}	在 32 位目标上 +2 147 483 647；在 64 位目标上：$+2^{63} - 1$
u8	1	0	+255
u16	2	0	+65 535
u32	4	0	+4 294 967 295
u64	8	0	$+2^{64} - 1$
usize	4 或 8	0	在 32 位目标上 +4 294 967 295；在 64 位目标上：$+2^{64} - 1$

相反，只有两种浮点数字类型：

❑ 具有 32 位的 f32 等效于 C 语言的 float 类型。

❑ 具有 64 位的 f64 等效于 C 语言的 double 类型。

6.12　布尔值和字符

除了数字类型，Rust 还定义了其他一些基本的内置类型：

```
let a: bool = true; print!("[{}]", a);
let b: char = 'a'; print!("[{}]", b);
```

这将打印："[true][a]"。

我们已经看到的布尔类型等同于具有相同名称的 C++ 语言的类型。它仅接受两个值：false 和 true。它主要用于 if 和 while 语句中的条件。

char 类型（实际上我们尚未见过）看起来像具有相同名称的 C 语言类型，但实际上与它有很大的不同。首先，C 语言字符通常只占用一个字节，而一个单独的 Rust 字符则占用四个字节。这是因为 Rust 字符是 Unicode 字符，并且 Unicode 标准定义了超过一百万个可能的值。

字面量字符用单引号引起来，也可以是非 ASCII 字符。例如，这段代码

```
let e_grave = 'è';
let japanese_character = 'さ';
println!("{} {}", e_grave, japanese_character);
```

将打印"è さ"。

请注意，不同于 C 语言，bool 和 char 都不以任何方式视为数字，因此以下两个语句均是非法的：

```
let _a = 'a' + 'b';
let _b = false + true;
```

但是，两种类型都可以转换为数字：

```
print!("{} {} {} {} {}", true as u8, false as u8,
    'A' as u32, 'à' as u32, '€' as u32);
```

这将打印："1 0 65 224 8364"。

通过这种方式，我们刚刚发现，true 由数字 1 表示，false 由数字 0 表示，"A" 字符由数字 65 表示，重音"a"由数字 224 表示，而欧元符号由数字 8364 表示。

相反，如果要将数字转换为布尔值或字符，可以使用以下功能：

```
let truthy = 1;
let falsy = 0;
print!("{} {} {} {}", truthy != 0, falsy != 0,
    65 as char, 224 as char);
```

这将打印："true false Aà"。

相反，你不能将 `as bool` 子句与数字一起使用，因为并非每个数字值都对应一个布尔值。实际上，只有零和一具有此属性，因此，一般来说，这种转换不会得到很好的定义。

因此，如果对于一个数字而言，零值旨在代表虚假性，则将该数字转换为布尔值（即要查看其是否与真值相对应），检查它是否与零不同就足够了。

字符的情况类似。每个字符都由一个 32 位数字表示，因此可以将其转换为字符，但并非每个 32 位数字都表示一个字符，因此某些（实际上，大多数）32 位数字将不能转换为字符。因此，表达式 8364 as char 是非法的。

要将任何数字转换为字符，你需要使用库函数（此处未描述）。

但是，对于 0 到 255 之间的每个数字，都有一个与之相对应的 Unicode 字符，因此可以将其转换为任意数量的 u8 类型的字符。实际上，在上面的示例中，数字 65 和 224 已经做到了这一点。

对于那些还不了解 Unicode 的人来说，查看与前 256 个数字相对应的所有字符可能会很有趣：

```
for i in 0..256 {
    println!("{}: [{}]", i, i as u8 as char);
}
```

这将打印 256 行，每行包含一个数字及其对应的字符。其中一些字符是终端控制代码，例如"换行"和"回车"，另一些则不可打印。

请注意，必须先将 i 转换为 u8 类型，然后才能将其转换为 char。

6.13 空元组

还有另一个基本的怪异类型，Rust 中的名称是 "()"，它是一对括号。这种类型只有一个值，其写法与它的类型 "()" 相同。这种类型在某种程度上与 C 语言的 "void" 类型相对应，或者与 JavaScript 的 "undefined" 类型相对应，因为它表示没有类型信息。为了能够说出它的名字，它被命名为"空元组"。

在多种情况下会出现此类型，例如以下情况：

```
let a: () = ();
let b = { 12; 87; 283 };
let c = { 12; 87; 283; };
let d = {};
let e = if false { };
let f = while false { };
print!("{:?} {:?} {:?} {:?} {:?} {:?}",
    a, b, c, d, e, f);
```

该代码将打印："() 283 () () () ()"。

第一行声明一个类型为 "()" 的变量，并使用唯一可能的值对其进行初始化。在最后一行中，"print" 宏无法将此类型与占位符 "{}" 匹配，因此必须使用调试占位符 "{:?}"。

第二行声明一个变量，并使用块的值对其进行初始化。从这里开始，出现了一些新概念。

第一个概念是可以使用诸如"12"或"87"之类的简单数字来代替任何语句，因为可以使用任何表达式来代替语句。当然，这样的语句不执行任何操作，因此不会生成任何机器代码。

第二个概念是，将块的值定义为其最后一个表达式的值（如果存在）；因此，在第二行的情况下，该块的值是整数"283"，并且该值用于初始化 "b" 变量，因此该变量将为 i32 类型。

第三行显示了这样的情况：块的内容以语句结束符（分号）结束。在这种情况下，块的值为 "()"，并且该值用于初始化 "c" 变量，因此该变量将为 "()" 类型。

第四行声明 "d" 变量，并使用一个空块的值对其进行初始化。空块也将空元组作为其值。

第五行中有一个条件表达式，其中没有 "else" 分支。如果缺少 "else" 分支，则隐含 "else {}" 子句。因此，该语句应为 "let e = if false { } else { }"。这样的条件表达式是有效的，因为两个分支的类型相同。

第六行显示 "while" 语句也具有一个空元组的值。实际上，"while" 语句块和 "while" 语句本身必须始终具有一个空的元组作为值，因此使用 "while" 构造作为表达式几乎没有意义。这对于 "loop" 和 "for" 循环也成立。

6.14　数组和向量类型

在介绍数组和向量时，我们说过，如果更改包含项的类型，则也会隐式更改数组和向量的类型。如果更改包含项的数量，则会隐式更改数组的类型，而不会改变向量的类型。

如果要显式化数组或向量的类型，应编写：

```
let _array1: [char; 3] = ['x', 'y', 'z'];
let _array2: [f32; 200] = [0f32; 200];
let _vector1: Vec<char> = vec!['x', 'y', 'z'];
let _vector2: Vec<i32> = vec![0; 5000];
```

如上所示，表示数组类型的表达式既包含项的类型，又包含项的编号，且用分号分隔并括在方括号中。

取而代之的是，将向量的类型写为单词 Vec（带有大写的首字母），然后是包含在尖括号中的项的类型。

6.15 常数

以下程序是非法的：

```
let n = 20;
let _ = [0; n];
```

之所以如此，是因为数组在编译时必须具有已知的长度，而即使 "n" 是不可变的（从某种意义上说，是一个常量），也要在运行时确定其初始值，因此不允许用它来指定数组的大小。

但是以下程序有效：

```
const N: usize = 20;
let _ = [0; N];
```

"const" 关键字允许我们声明一个标识符，该标识符具有在编译时定义的值，并且当然在运行时不能再更改。在其声明中，需要指定其类型。

Rust 常量对应于 C++ 语言 const 项。

可以将 Rust 常量视为在编译时与值（而不是对象）相关联的名称。编译器会在程序中使用该值来替换常量名称出现的每个位置。

6.16 发现表达式的类型

你经常会遇到一个表达式，并且想知道这种表达式的类型是什么。

这个问题可以由解释器、集成开发环境或书面文档来回答，但是有一个技巧可以仅使用编译器来回答此类问题。

假设我们想知道表达式 4u32/3u32 的类型，这在某些语言中是浮点数类型。

我们只是添加一条语句，尝试使用该表达式来初始化 bool 变量。如果程序编译没有错误，则意味着我们的表达式为布尔型。但就我们而言，有：

```
let _: bool = 4u32 / 3u32;
```

该程序的编译会生成类型不匹配的错误，并且错误消息的详细信息说明了 expected bool, found u32（预期布尔值，得到 u32）。通过这种解释，我们知道表达式是 u32 类型的。

有时，错误消息更加模糊。

```
let _: bool = 4 / 3;
```

对于此程序，错误解释为 "expected bool, found integral variable(预期布尔值，找到整数变量)"，然后是 "expected type `bool` found type `{integer}`（预期的类型 `bool` 找到的类型 `{integer}`）"。表达式"整数类型"和等效的"{integer}"并不表示具体类型；它表示仍然无约束的类型，编译器已将其确定为整数类型，但尚未确定它是几种现有整数类型中的哪一个。

Chapter 7 第 7 章

枚 举 情 况

在本章中，你将学习：

❑ 枚举如何帮助定义只能在有限的情况集合中取值的变量

❑ 如何使用枚举实现区分的联合类型

❑ 如何使用 match 模式匹配构造来处理枚举

❑ 如何使用 match 结构来处理其他数据类型，例如整数、字符串和单个字符

❑ 如何使用布尔值守卫来概括 match 结构的模式匹配

7.1 枚举

不要编写以下代码：

```
const EUROPE: u8 = 0;
const ASIA: u8 = 1;
const AFRICA: u8 = 2;
const AMERICA: u8 = 3;
const OCEANIA: u8 = 4;

let continent = ASIA;

if continent == EUROPE { print!("E"); }
else if continent == ASIA { print!("As"); }
else if continent == AFRICA { print!("Af"); }
else if continent == AMERICA { print!("Am"); }
else if continent == OCEANIA { print!("O"); }
```

最好编写以下等效代码：

```
enum Continent {
    Europe,
    Asia,
    Africa,
    America,
    Oceania,
}

let contin = Continent::Asia;

match contin {
    Continent::Europe => print!("E"),
    Continent::Asia => print!("As"),
    Continent::Africa => print!("Af"),
    Continent::America => print!("Am"),
    Continent::Oceania => print!("O"),
}
```

"enum" 关键字引入了新的 Continent 类型，紧随其后指定该类型。这种类型称为"枚举"（enumerative），因为它列出了一组项，并在内部将唯一编号与每个项相关联。在示例中，Continent 类型的允许值为 Europe、Asia、Africa、America、Oceania（欧洲、亚洲、非洲、美洲、大洋洲），它们在内部分别由值 0u8、1u8、2u8、3u8 和 4u8 表示。

在最简单的情况下，如上例所示，这种类型类似于 C 语言的同名结构。

定义枚举类型后，可以创建这种类型的对象，称为"枚举"，或简称为"enum"。在该示例中，已定义了 Continent 类型的 contin 枚举变量。

枚举只能具有其类型定义中列出的项之一作为值。这些项称为"变体"。

请注意，变体的使用必须通过其类型名称来限定，例如 Continent::Asia。

以下代码

```
enum T {A, B, C, D};
let n: i32 = T::D;
let e: T = 1;
```

在第二行生成编译错误，在第三行生成另一个错误，两者的类型都是 mismatched types（类型不匹配）。第一个错误描述为 expected i32, found enum `main::T`（预期 i32，找到枚举"main::T"）。相反，第二个错误描述为 expected enum `main::T`, found integral variable（预期枚举 `main :: T`，找到整型变量）。因此，枚举不能隐式转换为数字，数字也不能隐式转换为枚举。

7.2 match 构造

在第一个示例的最后一部分中，刚创建的枚举由一种新型的构造使用，它以 "match" 关键字开头。

match 语句是使用枚举的基本 Rust 工具，类似于 C 语言的 switch 语句，即使它们在许多方面有所不同。

首先，请注意，不必将 match 关键字后面的表达式括在括号中。

然后，将组成一个模式的各种情况（也称为"分支"），后跟符号 "=>"，后跟表达式。这些分支之间用逗号隔开。

在枚举类型的声明中以及在 "match" 语句中，在最后一项之后，可以选择性地放置另一个逗号。通常，如果将每个项都放在不同的行中，则会写这样的逗号，以便包含项的每一行都以逗号结尾；相反，如果每个项都放在同一行中，右括号之前的会省略逗号，例如：

```
enum CardinalPoint { North, South, West, East };
```

match 语句的行为如下。

首先，对 match 后的语句进行计算，从而获得一个值，在我们的示例中为 Continent :: Asia。然后，将该值与（五个）模式中的每个模式进行比较，并按照它们出现的顺序进行比较，一旦模式匹配，就对其分支的右侧求值，并结束该语句。

请注意，每条分支的右侧必须是单个表达式。到目前为止，我们一直使用的 print! 好像是一个语句，但实际上它是一个表达式。

实际上，如果在表达式之后添加分号字符，则任何表达式都将成为有效的语句：

```
let a = 7.2;
12;
true;
4 > 7;
5.7 + 5. * a;
```

此代码是有效的，当然，尽管它什么也不做。

鉴于当我们添加 ";" 字符时，宏 print! 的调用是有效的表达式，所以我们可以将其用作语句。

但是，请注意，有些语句不是有效的表达式。例如，"let a = 3;" 和 "fn empty(){}" 语句即使没有分号字符也不是有效的表达式。如果我们写：

```
match contin {
    Continent::Europe => let a = 7;,
    Continent::Asia => let a = 7,
```

```
Continent::Africa => fn aaa() {},
Continent::America => print!("Am"),
Continent::Oceania => print!("O"),
}
```

对于前三种情况，我们都会得到错误。因为在 "=>" 符号右边，没有有效的表达式。

而且，如果希望计算一条分支右侧的几个表达式，该怎么办？或者一个不是表达式的语句？在这种情况下可以使用块：

```
enum Continent {
    Europe,
    Asia,
    Africa,
    America,
    Oceania,
}

let mut contin = Continent::Asia;
match contin {
    Continent::Europe => {
        contin = Continent::Asia;
        print!("E");
    },
    Continent::Asia => { let a = 7; },
    Continent::Africa => print!("Af"),
    Continent::America => print!("Am"),
    Continent::Oceania => print!("O"),
}
```

在这里 contin 被声明为可变的，然后，如果其值为 Europe，它将更改为 Asia，并打印字母 E。相反，如果其值为 Asia，则将声明、初始化并立即销毁另一个变量。

这两个分支在其右侧各有一个块，并且，因为任何块都是表达式，所以此语法有效。

7.3　关系运算符和枚举

枚举无法使用 "==" 运算符做比较。实际上，以下程序是非法的：

```
enum CardinalPoint { North, South, West, East };
let direction = CardinalPoint::South;
if direction == CardinalPoint::North { }
```

编译器为最后一条语句生成消息 "binary operation `==` cannot be applied to type `main::CardinalPoint`"（二元运算符 `==` 无法应用于类型 `main :: CardinalPoint`）。因此，要检查枚举的值，需要使用 match 语句。

枚举很重要，因为它们在标准库的许多地方以及其他 Rust 库中使用。match 结构也很重要，因为它是使用枚举必需的，即使它也经常封装在其他结构中。

对于枚举，不仅禁止使用 "==" 运算符，还禁止其他关系运算符。因此，以下代码也将生成编译错误：

```
enum CardinalPoint { North, South, West, East };
if CardinalPoint::South < CardinalPoint::North { }
```

7.4　处理所有情况

如果你尝试编译以下程序

```
enum CardinalPoint { North, South, West, East };
let direction = CardinalPoint::South;
match direction {
    CardinalPoint::North => print!("NORTH"),
    CardinalPoint::South => print!("SOUTH"),
}
```

你会收到错误消息："non-exhaustive patterns: `West` and `East` not covered"（非穷尽模式：未涵盖 `West` 和 `East`）。编译器抱怨在表达式 direction 的允许值中，只考虑了其中的两个，没有考虑表达式的值为 West 或 East 的情况。这是因为 Rust 要求 match 语句显式处理所有可能的情况。

相反，以下程序是有效的，因为它考虑了 match 参数所有可能的情况：

```
enum CardinalPoint { North, South, West, East };
let direction = CardinalPoint::South;
match direction {
    CardinalPoint::North => print!("NORTH"),
    CardinalPoint::South => print!("SOUTH"),
    CardinalPoint::East => {},
    CardinalPoint::West => {},
}
```

但是，这里的最后两个变体（East 和 West）什么也不做，非要列出它们很烦人。为了避免列出所有不执行任何操作的变体，可以用以下方式使用下划线符号：

```
enum CardinalPoint { North, South, West, East };
let direction = CardinalPoint::South;
match direction {
    CardinalPoint::North => print!("NORTH"),
    CardinalPoint::South => print!("SOUTH"),
    _ => {},
}
```

下划线符号始终与任何值匹配，因此避免了编译错误，因为用这种方式已处理了所有情况。当然，这种"包罗万象"的情况必须是最后一个情况，以避免捕获应以不同方式处理的情况：

```
enum CardinalPoint { North, South, West, East };
let direction = CardinalPoint::South;
match direction {
    CardinalPoint::North => print!("NORTH"),
    _ => {},
    CardinalPoint::South => print!("SOUTH"),
}
```

该程序不会打印任何内容，因为匹配的 CardinalPoint::South 情况永远不会达到。

"_" 模式对应于 C 语言的 "default"（默认）情况。

7.4.1 对数字使用 match

match 结构除了枚举必须用之外，还可以用于其他数据类型：

```
match "value" {
    "val" => print!("value "),
    _ => print!("other "),
}
match 3 {
    3 => print!("three "),
    4 => print!("four "),
    5 => print!("five "),
    _ => print!("other "),
}
match '.' {
    ':' => print!("colon "),
    '.' => print!("point "),
    _ => print!("other "),
}
```

这将打印："other three point"。

第一个 match 语句将字符串作为其参数，因此它预期将字符串作为其分支的左侧。特别地，没有分支完全匹配，因此采用默认情况。

第二个 match 语句的参数为整数，因此预期整数作为其分支的左侧。特别是，第一分支的模式匹配上了，因此被采用。

第三个 match 语句有一个字符作为参数，因此它希望单个字符成为其分支的左侧。特别地，第二分支的模式匹配上了，因此被采用。

同样，对于带有非枚举参数的 match 语句，要求处理所有可能的情况。但是，除了枚举和布尔值之外，指定所有单独的情况是不可行的。因此，需要使用下划线"catch-all"（默认）形式。

7.4.2 数据枚举

Rust 枚举并不总是像上面看到的那样简单：

```rust
enum Result {
    Success(f64),
    Failure(u16, char),
    Uncertainty,
}

// let outcome = Result::Success(23.67);
let outcome = Result::Failure(1200, 'X');

match outcome {
    Result::Success(value) =>
        print!("Result: {}", value),
    Result::Failure(error_code, module) =>
        print!("Error n. {} in module {}",
            error_code, module),
    Result::Uncertainty => {},
}
```

这将打印："Error n. 1200 in module X"。

相反，如果修改注释以便重新激活注释掉的行，并注释掉下一行，则程序将打印："Result: 23.67"。

在此代码中，Result 枚举类型的定义的第一个变量的数据类型（f64）用括号括起来，第二个变量的两种类型（u16 和 char）用括号括起来，第三个变量没有类型（也没有括号）。

这样声明的结果是，每个具有这种 Result 类型的对象（如示例中的变量 outcome）都可以具有以下值：其值可以是 Result::Success，此外它还包含类型为 f64 的对象，或者它的值是 Result::Failure，此外它还包含 u16 类型的对象和 char 类型的对象；或者其值为 Result::Uncertainty，并且不包含其他数据。没有其他可能性。

因此 Rust 枚举类型合并了 C 语言的 enum 特性与 union 特性。

与此示例相对应的 C 语言程序是：

```c
#include <stdio.h>
int main() {
    enum eResult {
```

```
        Success,
        Failure,
        Uncertainty
    };
    struct sResult {
        enum eResult r;
        union {
            double value;
            struct {
                unsigned short error_code;
                char module;
            } s;
        } u;
    } outcome;
    /*
    outcome.r = Success;
    outcome.u.value = 23.67;
    */
    outcome.r = Failure;
    outcome.u.s.error_code = 1200;
    outcome.u.s.module = 'X';

    switch (outcome.r) {
        case Success:
            printf("Result: %g", outcome.u.value);
            break;
        case Failure:
            printf("Error n. %d in module %c",
                outcome.u.s.error_code,
                outcome.u.s.module);
            break;
        case Uncertainty:
            break;
    }
    return 0;
}
```

回到上面的 Rust 代码, 你可以看到为 outcome 变量赋予一个值, 指定了变量的名称
(Result::Success 或 Result::Failure), 后跟一些逗号分隔的值, 括在圆括号中, 就像
函数调用中 (第一种情况为 (23.67), 第二种情况为 (1200, 'x'))。

为此类枚举赋值时, 必须在括号中指定具有枚举类型要求的类型的参数。在此示例
中, 在 Success 情况下, 将传递浮点数; 在 Failure 的情况下, 将传递整数和字符; 在
Uncertainty 情况下, 不会传递任何参数。如果传递其他类型或不同数字的参数, 则会出
现编译错误。

在 "match" 语句中, 第一分支的模式为 Result::Success(value); 第二分支的模式

为 Result::Failure(error_code,module)。因此，在每种模式中，参数的数量都与它们各自的声明中定义的一样多。同样，在这里，做除此以外的事情也会导致错误。

在这样的模式中，代替声明中存在的类型，放置一个名称，而不必在此之前声明。例如，放置一个 value 来代替 f64。实际上，此类名称是变量的声明，并且此类变量的作用域只限于声明它们的分支。

当使用特定的分支（例如 "Success" 分支）时，该分支中括号中的变量（如果存在）将使用变量中包含的值进行初始化。在示例中，使用值 23.67 初始化 value 变量。当在分支的右侧使用这样的变量时，它将具有初始化时使用的值。

如果不需要在 "match" 语句的模式中使用变量的值，为避免出现编译器警告，可以通过以下方式进行操作：

```rust
enum Result {
    Success(f64),
    Failure(u16, char),
    Uncertainty,
}

let outcome = Result::Success(23.67);

match outcome {
    Result::Success(_) => print!("OK"),
    Result::Failure(error_code, module) =>
        print!("Error n. {} in module {}",
            error_code, module),
    Result::Uncertainty => {},
}
```

这将打印："OK"。分支 "Result::Success" 将需要一个参数，而不提供它是非法的，但是我们不需要该参数的值，并且也不想为不需要的东西伪造一个变量名。在这种情况下，下划线符号会告诉编译器："我知道你想在这里给我传递一个参数，但是它对我没有用，所以将其丢弃"。

7.4.3 "match" 表达式

与 "if" 表达式相似，还有 "match" 表达式：

```rust
enum CardinalPoint { North, South, West, East };
let direction = CardinalPoint::South;
print!("{}", match direction {
    CardinalPoint::North => 'N',
    CardinalPoint::South => 'S',
    _ => '*',
});
```

这将打印："S."。

我们已经看到，如果使用 "if" 关键字来创建 if 表达式，则它还必须具有 else 块，并且其返回类型必须与 else 关键字之前的块相同。

match 表达式也是如此：match 表达式的所有分支必须具有相同类型的右侧。在示例中，三个分支的值分别为 "N"、"S" 和 "*"，因此它们均为 char 类型。

如果将第三分支替换为 " _ => {},"，则会出现编译错误 "match arms have incompatible types(匹配分支具有不兼容的类型)"。实际上，由于两分支属于 char 类型，而另一分支属于 () 类型，因此无法确定整个 match 表达式的类型。

7.4.4 在 match 结构中使用守卫

假设我们要将整数归为以下几类：所有负数，数 0，数 1 和所有其他正数：

```
for n in -2..5 {
    println!("{} is {}.", n, match n {
        0 => "zero",
        1 => "one",
        _ if n < 0 => "negative",
        _ => "plural",
    });
}
```

该程序将打印：

```
-2 is negative.
-1 is negative.
0 is zero.
1 is one.
2 is plural.
3 is plural.
4 is plural.
```

"for" 语句将整数从（包含）"-2" 迭代到（不含）"5"。

对于每个已处理的数字，将打印该数字及其分类。这种分类是通过 "match" 构造执行的，在此将其用作以字符串作为其值的表达式。的确，它的每个分支都有一个字面量字符串作为其值。

第三分支不同于其他分支。它的模式是一个下划线，因此，这样的分支应该总是匹配的，但是这样的模式后面是由 "if" 关键字和布尔条件组成的子句。此子句仅当此布尔条件为 true 时，才会使此模式匹配。

第 8 章

使用异构数据结构

在本章中，你将学习如何定义和使用其他复合类型：

❑ 元组

❑ 结构

❑ 元组结构

它们对于分组不同类型的对象很有用。

在本章的最后，你将看到一些代码风格约定。

8.1 元组

数组和向量可以包含多个项，但是这些项必须都属于同一类型。如果要将几个不同类型的子对象存储在单个对象中，可以采用以下方式：

```
let data = (10000000, 183.19, 'Q');
let copy_of_data = data;
print!("{}, {}, {}",
    data.0, copy_of_data.1, data.2);
```

这将打印："10000000, 183.19, Q"。

"data" 变量是一个复合对象，因为它由三个对象组成。甚至数组都是复合对象，但是它们被约束为由相同类型的对象组成，而 "data" 变量由不同类型的对象组成：整数、浮点数和字符。

因此，我们的对象不是数组，而是"元组"。

元组的声明看起来像数组的声明。唯一的区别是使用圆括号代替了方括号。

元组的每个项都称为"字段"。

还可以明确元组的类型：

```
let data: (i32, f64, char) = (10000000, 183.19, 'Q');
```

类型具有与值相同的格式，其中每个字段的值均由其类型替换。

如第二条语句所示，整个元组可用于初始化另一个相同类型的元组。

你可以使用点表示法按其位置访问元组的字段。当访问 "arr" 数组的第七项时，必须写 "arr[6]"；要访问 "data" 元组的第七个字段，必须编写 "data.6"。

元组也可以是可变的：

```
let mut data = (10000000, 183.19, 'Q');
data.0 = -5;
data.2 = 'x';
print!("{}, {}, {}", data.0, data.1, data.2);
```

这将打印："-5, 183.19, x"。

与数组相似，元组也可以具有任意数量的字段，包括零。假定元组的类型由其字段的类型顺序定义，并用括号括起来，如果没有字段，则仅保留括号，因此其类型为 "()"。并且假定元组的值由括号内的字段值的顺序表示，如果没有字段，则仅保留括号，因此其值为 "()"。

但是我们已经看到了这种类型和值。所以现在解释一下为什么将它们命名为"空元组"。

元组和数组之间的区别在于，元组不能通过变量索引访问：

```
let array = [12, 13, 14];
let tuple = (12, 13, 14);
let i = 0;
print!("{}", array[i]);
print!("{}", tuple.i);
```

在此程序中，最后一行是非法的，并且无法使用运行时确定的索引来获取元组字段的值。

8.2　结构

只要元组只包含少量的项，它们就很有用，但是当它们具有多个字段时，很容易将它们弄错，并且使用它们的代码也很难理解：

```
let data = (10, 'x', 12, 183.19, 'Q', false, -9);
print!("{}", data.2 + data.6);
```

是否清楚此代码将打印 3？

此外，任何元组的类型仅由其字段的类型顺序来定义，并且如果有很多字段，则该类型太长而无法指定，并且很难理解：

```
let data1 = (10, 'x', 12, 183.19, 'Q', false, -9);
let mut data2: (u16, char, i16, f64, bool, char, i16);
data2 = data1;
```

此代码是非法的。你能发现错误吗？

此外，如果在元组的开头添加了字段，则必须在源代码中对此类对象的所有索引进行递增。例如，"data.2" 必须变成 "data.3"。

因此，使用特定的语句来声明结构的类型，为其命名并标记该结构的所有字段非常有用：

```
struct SomeData {
    integer: i32,
    fractional: f32,
    character: char,
    five_bytes: [u8; 5],
}
let data = SomeData {
    integer: 10_000_000,
    fractional: 183.19,
    character: 'Q',
    five_bytes: [9, 0, 250, 60, 200],
};
print!("{}, {}, {}, {}",
    data.five_bytes[3], data.integer,
    data.fractional, data.character);
```

这将打印 60, 10000000, 183.19, Q。

第一条语句占用六行：它以 "struct" 关键字开头，并以一个块继续。其作用是声明 "SomeData" 类型。这种类型的任何对象都是四个字段组成的序列。对于每个字段，都声明其名称和类型，并用冒号隔开。字段声明列表以逗号分隔，并带有可选的结尾逗号。我们将这种数据类型命名为"struct"。

第二条语句也占据了六行。它声明变量 "data"，并使用刚声明的类型的对象对其进行初始化。请注意，初始化语法看起来像类型声明语法，其中删除了 "struct" 关键字，并且每种字段类型都将替换为要分配给此类字段的值。我们把这种对象命名为"结构对象"，即类型为结构的任何对象。

第三条语句使用所谓的点表示法访问刚定义的 struct-object 的字段。该表示法由表示 struct-object 的表达式，后跟一个点和要访问的字段的名称组成。

此代码类似于以下 C 语言程序：

```
#include <stdio.h>
int main() {
    struct SomeData {
        int integer;
        float fractional;
        char character;
        unsigned char five_bytes[5];
    };
    struct SomeData data = {
        10000000,
        183.19,
        'Q',
        {9, 0, 250, 60, 200},
    };
    printf("%d, %d, %g, %c",
        data.five_bytes[3], data.integer,
        data.fractional, data.character);
    return 0;
}
```

让我们看看这个 C 代码与上面的 Rust 代码有何不同。

在 C 中，字段用分号分隔，而在 Rust 中，它们用逗号分隔。

在 Rust 中，类型是在字段名称之后编写的，就像在 Pascal 语言中一样。

在 C 语言中，可以通过一次指定类型（即 "int a , b;"）来声明同一类型的多个字段。相反，在 Rust 中，必须以这种方式为每个字段指定一次类型："a: i32 , b: i32,"。

在 C 语言中，类似于 Rust 元组，仅通过列出值即可完成"data"的初始化。相反，在 Rust 中，对于每个字段，还必须指定字段名称。

在 C 和 Rust 中，都使用点表示法。

如果将变量声明为可变的，还可以使用相同的点表示法来更改其字段的值：

```
struct SomeData {
    integer: i32,
    fractional: f32,
}
let mut data = SomeData {
    integer: 10,
    fractional: 183.19,
};
data.fractional = 8.2;
print!("{}, {}", data.fractional, data.integer);
```

这将打印："8.2, 10"。

像元组一样，结构也可能为空，因此可以声明不包含任何字段的元组。

8.3 元组结构

我们已经看到，有两种可以包含不同类型对象的构造：

❑ 元组，其类型没有名称并且不需要事先声明，并且其字段没有名称；

❑ 结构，其类型具有名称并且必须事先声明，并且其字段具有名称。

因此，这两种构造之间存在一些差异。但是有时还需要做一些折中的事情：一种结构，其类型具有名称，并且必须像结构一样事先声明，但其字段没有名称，就像元组那样。因为它们是元组和结构的混合体，所以它们被称为"元组结构"：

```rust
struct SomeData (
    i32,
    f32,
    char,
    [u8; 5],
);
let data = SomeData (
    10_000_000,
    183.19,
    'Q',
    [9, 0, 250, 60, 200],
);
print!("{}, {}, {}, {}",
    data.2, data.0, data.1, data.3[2]);
```

这将打印："Q, 10000000, 183.19, 250"。

如示例中所示，在实例化元组结构之前，通过使用像 struct 这样的关键字 "struct" 来定义元组结构，但是将其字段括在圆括号中，而无须指定字段名称（像元组那样）。初始化从类型的名称开始，像结构，但接下去的步骤像元组。

由于其字段没有名称，因此必须像元组一样对其进行访问。与元组和结构都不同，不允许使用空的元组结构。实际上元组结构并不常用。

8.4 词法约定

既然我们已经看到了很多不同的 Rust 构造（但还不是全部！），现在正是考虑几乎每个 Rust 程序员都会采用的一些词法约定的时候了，因此强烈建议所有人都遵守它们。这样的约定是如此根深蒂固，以至于如果违反它们，即使是编译器也会发出警告。

这是一个显示它们的程序：

```
const MAXIMUM_POWER: u16 = 600;
enum VehicleKind {
    Motorcycle,
    Car,

    Truck,
}
struct VehicleData {
    kind: VehicleKind,
    registration_year: u16,
    registration_month: u8,
    power: u16,
}
let vehicle = VehicleData {
    kind: VehicleKind::Car,
    registration_year: 2003,
    registration_month: 11,
    power: 120,
};
if vehicle.power > MAXIMUM_POWER {
    println!("Too powerful");
}
```

本示例中显示的约定为：

❑ 常量名称（例如：MAXIMUM_POWER）仅包含大写字符，名称中的单词之间用下划线分隔。

❑ 由应用程序代码或标准库定义的类型名称（例如：VehicleKind 和 VehicleData）和枚举变量名称（例如：Car）由连接在一起的单词组成，其中每个单词都有一个大写的首字母，后跟小写字母 。

❑ 任何其他名称（例如，诸如 let 的关键字、u8 的基本类型以及 registration_year 的字段标识符）仅使用小写字母，名称中的单词之间用下划线分隔。

定 义 函 数

在本章中，你将学习：

❑ 如何定义自己的程序（俗称"函数"）以及如何调用它们

❑ 什么时候以及如何调用具有相同名称的多个函数

❑ 如何将参数按值或按引用传递给函数

❑ 如何从函数返回简单值和复合值

❑ 如何提前退出函数

❑ 如何操纵对对象的引用

9.1 定义和调用函数

如果多次编写相同的代码，则可以把该代码封装在一个块中，然后为该代码块命名。通过这种方式就定义了"函数"。然后可以通过按名称调用该函数来执行该代码：

```
fn line() {
    println!("----------");
}
line();
line();
line();
```

这将打印：

```
----------
----------
----------
```

要定义一个函数，请编写 "fn" 关键字，后跟要与该函数关联的名称，后跟一对圆括号，然后是一个块。

该块称为函数的"函数体"，而在函数体之前的所有代码均称为函数的"签名"。

这种语法看起来应该很熟悉，因为到目前为止我们编写的所有程序都只是一个名为 "main" 的函数的定义。

尽管 "main" 函数是一个特殊函数，它由程序启动机器代码调用，但上述 "line" 函数仅在我们的代码调用它时才执行。

确实，我们的小程序的第二部分调用了 line 函数三次。要调用它，只需写下其名称，然后加上一对圆括号即可。

注意，我们在 main 函数内部定义了 line 函数。实际上，与 C 语言不同，在 Rust 中，可以在其他函数体内定义函数。你还可以调用在主函数外部定义的函数。这是一个完整的 Rust 程序（这段代码不需要插入到 main 函数中）：

```rust
fn f1() { print!("1"); }
fn main() {
    f1();
    fn f2() { print!("2"); }
    f2(); f1(); f2();
}
```

这将打印："1212"。

9.1.1 使用后定义的函数

此代码是非法的：

```rust
a;
let a = 3;
```

因为它在定义变量之前就使用了变量。

但下列语句是合法的：

```rust
f();
fn f() {}
```

只要在当前作用域或封闭作用域中定义了函数，你甚至可以在定义函数之前就调用它。

9.1.2 函数屏蔽其他函数

我们已经看到，在定义一个变量之后，可以定义另一个具有相同名称的变量，并且第二个变量将覆盖第一个变量。使用函数，你无法在同一作用域内执行此操作：

```
fn f() {}
fn f() {}
```

这将产生 the name `f` is defined multiple times（多次定义名称 `f`）的编译错误。

但是，你可以定义多个具有相同名称的函数，只要它们位于不同的平行块：

```
{
    fn f() { print!("a"); }
    f(); f();
}
{
    fn f() { print!("b"); }
    f();
}
```

这将打印："aab"。

每个函数仅在定义它的块中有效，因此不能从那个块的外部调用它：

```
{
    fn f() { }
}
f();
```

这将在最后一行生成编译错误："cannot find function `f` in this scope"（在此作用域内找不到函数 "f"）。

最后，一个函数可以屏蔽在外部块中定义的另一个函数。这是一个完整的程序：

```
fn f() { print!("1"); }
fn main() {
    f(); // Prints 2
    {
        f(); // Prints 3
        fn f() { print!("3"); }
    }
    f(); // Prints 2
    fn f() { print!("2"); }
}
```

这将打印 232。

实际上，在 main 函数外部定义了一个打印 1 的函数，但在 main 函数内部定义了另一个具有相同名称的函数，并打印 2，因此 main 函数中的第一条语句调用了在函数内部声明的函数。尽管它是在六行之后定义的。在嵌套块中，还定义并调用了另一个具有相同名称的函数，该函数打印 3。然后该块结束，因此打印 2 的函数回到活动状态。永远不会调用打印 1 的外部函数，因此编译器会在警告中进行报告。

9.1.3 将参数传递给函数

每次调用时始终打印相同文本的函数不是很有用。

打印传递给它的任意两个数值之和的函数会更有意义：

```
fn print_sum(addend1: f64, addend2: f64) {
    println!("{} + {} = {}", addend1, addend2,
        addend1 + addend2);
}
print_sum(3., 5.);
print_sum(3.2, 5.1);
```

这将打印：

```
3 + 5 = 8
3.2 + 5.1 = 8.3
```

现在你可以理解圆括号的用法了！在函数定义中，它们将参数定义列表括起来；在函数调用中，它们将其值作为参数传递的表达式括起来。

函数参数的定义与变量的定义非常相似。

因此，将以上程序解释为以下程序：

```
{
    let addend1: f64 = 3.; let addend2: f64 = 5.;
    println!("{} + {} = {}", addend1, addend2,
        addend1 + addend2);
}
{
    let addend1: f64 = 3.2; let addend2: f64 = 5.1;
    println!("{} + {} = {}", addend1, addend2,
        addend1 + addend2);
}
```

变量的定义与函数参数的定义之间的主要区别在于，在函数参数定义中，需要类型说明，即不能仅依赖于类型推断。

无论如何，编译器都会使用类型推断来检查作为参数接收的值是否实际上是为该参数声明的类型。实际上，代码

```
fn f(a: i16) {}
f(3.);
f(3u16);
f(3i16);
f(3);
```

由于将浮点数传递给整数参数，因此在第一次调用 f 时会产生错误；并且在第二次调用时也会产生错误，因为 u16 类型的值传递给 i16 类型的参数。

相反，最后两个调用是允许的。实际上，第三个调用传递的值恰好具有函数期望的类型；而第四次调用将传递无约束的整数类型的参数，该参数会被调用本身限制为 "i16" 类型。

9.1.4　按值传递参数

还要注意，参数不仅仅是传递对象的新名称，也就是说，它们不是别名。相反，它们是此类对象的副本。此类副本在调用函数时创建，并在函数结束且控制返回到调用者代码时销毁它们。下面这个例子阐明了这个概念：

```rust
fn print_double(mut x: f64) {
    x *= 2.;
    print!("{}", x);
}
let x = 4.;
print_double(x);
print!(" {}", x);
```

这将打印："8 4"。

显然，这里声明并初始化了一个名为 "x" 的变量，并将其传递给函数 "print_double"，并在其中保留其名称 "x"。更改该变量的值，正确打印其新值，函数结束，返回给调用者，然后输出变量的值……这个值与调用函数之前一样！

实际上，传递给函数的不是这个变量，而是变量的值。就像在 C 语言中一样，这是所谓的按值传递机制。"x" 变量的值用于初始化新变量，在此正好将其也命名为 "x"，它是函数的参数。然后在函数体内更改新变量并将其打印，并在函数结尾销毁它。在调用函数中，我们（在函数外部定义）的变量从未更改其值。

注意，在 "print_double" 的签名中，参数 "x" 之前有 "mut" 关键字。这是允许将第一条语句放入函数体内的必要条件。但是，如前所述，这样的语句仅更改函数参数的值，而不更改在函数外部定义的变量，从而实际上不需要 mut 规范。

9.2　从函数返回值

函数除了能够接收值进行处理之外，还可以将计算结果发送回调用方：

```rust
fn double(x: f64) -> f64 { x * 2. }
print!("{}", double(17.3));
```

这将打印 "34.6"。

函数返回的值通常是其函数体的值。

我们已经看到，任何函数的函数体都是一个块，而任何块的值都是其最后一个表达式的值（如果存在最后一个表达式，否则为空元组）。

上面的 double 函数的函数体内容为 x * 2.。此表达式的值是该函数返回的值。

函数返回的值的类型，在 C 语言中，它写在函数名之前，在 Rust 语言中，它写在函数名后面，用箭头符号 "->" 分隔。上面的 double 函数根据其签名返回一个 f64 值。

如果未指定返回值类型，则表示为空元组类型，即 "()"：

```
fn f1(x: i32) {}
fn f2(x: i32) -> () {}
```

这两个函数 "f1" 和 "f2" 相等，因为它们都返回一个空的元组。

任何函数返回的值必须与函数签名指定的返回值类型具有相同的类型，或者是可以限于该类型的无约束类型。

因此，此代码是合法的：

```
fn f1() -> i32 { 4.5; "abc"; 73i32 }
fn f2() -> i32 { 4.5; "abc"; 73 }
fn f3() -> i32 { 4.5; "abc"; 73 + 100 }
```

但下列代码不合法：

```
fn f1() -> i32 { 4.5; "abc"; false }
fn f2() -> i32 { 4.5; "abc"; () }
fn f3() -> i32 { 4.5; "abc"; {} }
fn f4() -> i32 { 4.5; "abc"; }
```

它将产生四个 mismatched type（不匹配的类型）错误：对于 f1 函数，错误是 expected i32, found bool（预期 i32，发现布尔）；对于 f2、f3 和 f4 函数，错误是 expected i32, found()（预期 i32，发现 ()）。

9.2.1 提前退出

到目前为止，要退出某个函数，我们必须到达其函数体的末尾。但是，如果编写包含许多语句的函数，通常会在函数中间意识到没有更多的计算要做，因此想快速退出该函数。

一种可能是从循环中跳出，另一种情况是如果创建一个大的 "if" 语句来包围该函数的其余语句。第三种可能性是设置一个布尔变量，该变量用来指示不需要进行更多处理，并在每次必须执行某些操作时使用 if 语句检查该变量的值。

不过，通常，最方便的方法是要求编译器立即从函数中退出，并返回函数签名所需类型的值：

```
fn f(x: f64) -> f64 {
    if x <= 0. { return 0.; }
    x + 3.
}
print!("{} {}", f(1.), f(-1.));
```

它将打印："4 0"。

"return" 语句对它后面的表达式求值，并将结果值立即返回给调用者。

return 关键字与 C 语言相同，不同之处在于在 Rust 中，它通常不用作最后一个语句，而仅用于提前退出。但是，你可以编写：

```
fn f(x: f64) -> f64 {
    if x <= 0. { return 0.; }
    return x + 3.;
}
print!("{} {}", f(1.), f(-1.));
```

该程序与前面的程序等效，但是被认为是不良的风格。如下程序也等效于第一个，但通常认为它的风格更好：

```
fn f(x: f64) -> f64 {
    if x <= 0. { 0. }
    else { x + 3. }
}
print!("{} {}", f(1.), f(-1.));
```

仅当 return 语句允许你减少代码行数或缩进级别时，才认为它很方便。

同样对于 "return" 语句，返回值类型必须等于函数签名中声明的类型。

如果函数签名将空元组指定为返回值类型，则可以在 "return" 语句中省略该值。因此，这是一个有效的程序：

```
fn f(x: i32) {
    if x <= 0 { return; }
    if x == 4 { return (); }
    if x == 7 { return {}; }
    print!("{}", x);
}
f(5);
```

对如下函数的任何调用都可以视为合法语句：

```
fn f() -> i32 { 3 }
f();
```

在这种情况下，返回值将被忽略并立即销毁。

相反，如果使用返回的值，例如此合法代码，

```
fn f() -> i32 { 3 }
let _a: i32 = f();
```

那么接收返回值的变量必须是正确的类型。作为反例，以下程序是非法的：

```
fn f() -> i32 { 3 }
let _a: u32 = f();
```

9.2.2 返回多个值

如果要从一个函数返回多个值，可以使用元组：

```
fn divide(dividend: i32, divisor: i32) -> (i32, i32) {
    (dividend / divisor, dividend % divisor)
}
print!("{:?}", divide(50, 11));
```

这将打印 "(4, 6)"

或者，可以用返回枚举、结构、元组结构、数组或向量来返回多个值：

```
enum E { E1, E2 }
struct S { a: i32, b: bool }
struct TS (f64, char);
fn f1() -> E { E::E2 }
fn f2() -> S { S { a: 49, b: true } }
fn f3() -> TS { TS (4.7, 'w') }
fn f4() -> [i16; 4] { [7, -2, 0, 19] }
fn f5() -> Vec<i64> { vec![12000] }
print!("{} ", match f1() { E::E1 => 1, _ => -1 });
print!("{} ", f2().a);
print!("{} ", f3().0);
print!("{} ", f4()[0]);
print!("{} ", f5()[0]);
```

这将打印："-1 49 4.7 7 12000"。

让我们解释这五个数字。

在第一个 print! 中调用 f1 将返回枚举 E2，该枚举将尝试与 E1 匹配，如果不匹配，将采用默认情况，并输出 -1。

f2 的调用将返回一个包含字段 a 和 b 的 struct 对象，然后从中提取 a 字段。

f3 的调用返回一个包含两个字段的元组结构，并从中提取第一个字段。

调用 f4 返回一个包含四个项的数组，并从中提取第一个项。

调用 f5 返回仅包含一个项的向量，并从中提取第一个也是唯一的项。

9.3 如何更改属于调用者的变量

假设有一个包含 10 个数字的数组，其中一些为负数，而我们只想将负数的值加倍。
我们可以这样来做：

```
let mut arr = [5, -4, 9, 0, -7, -1, 3, 5, 3, 1];
for i in 0..10 {
    if arr[i] < 0 { arr[i] *= 2; }
}
print!("{:?}", arr);
```

这将打印："[5, -8, 9, 0, -14, -2, 3, 5, 3, 1]"。

现在假设我们要将这样的操作封装到一个函数中。我们可能会错误地编写：

```
fn double_negatives(mut a: [i32; 10]) {
    for i in 0..10 {
        if a[i] < 0 { a[i] *= 2; }
    }
}
let mut arr = [5, -4, 9, 0, -7, -1, 3, 5, 3, 1];
double_negatives(arr);
print!("{:?}", arr);
```

这将打印：[5, -4, 9, 0, -7, -1, 3, 5, 3, 1]。我们的数组完全没有改变。

实际上，当按值传递此数组时，整个数组已被复制到由函数调用创建的另一个数组中。
最后一个数组在函数内部被更改，然后在函数结束时销毁。

原始数组从未更改，并且编译器知道这一点，因为它输出警告信息 variable does not need to be mutable（变量不需要是可变的）。也就是说，鉴于 arr 从未更改，也可以从其声明中删除 mut 子句。

要获取我们已更改的数组，可以使函数返回更改后的数组：

```
fn double_negatives(mut a: [i32; 10]) -> [i32; 10] {
    for i in 0..10 {
        if a[i] < 0 { a[i] *= 2; }
    }
    a
```

```
}
let mut arr = [5, -4, 9, 0, -7, -1, 3, 5, 3, 1];
arr = double_negatives(arr);
print!("{:?}", arr);
```

这将打印预期的结果。但是，此解决方案有一个缺点：所有数据都要复制两次。首先，在函数调用时，所有数组都复制到函数中，然后函数处理数据的本地副本，最后所有本地数据都复制回原始数据。这些复制的计算成本其实可以避免。

9.4 通过引用传递参数

为了优化将（长）数组传递给函数，可以仅将数组的地址传递给该函数，让该函数直接在原始数组上工作：

```
fn double_negatives(a: &mut [i32; 10]) {
    for i in 0..10 {
        if (*a)[i] < 0 { (*a)[i] *= 2; }
    }
}
let mut arr = [5, -4, 9, 0, -7, -1, 3, 5, 3, 1];
double_negatives(&mut arr);
print!("{:?}", arr);
```

虽然该程序也打印预期的结果，但它不用复制数组。

你可以通过所谓的按引用参数传递来获得此结果。语法非常类似于 C 语言的指针传递技术。

让我们详细看看。

这里出现了新的符号 "&" 和 "*"。在 Rust 中，它们的含义与在 C 语言中的含义相同。"&" 符号表示"对象的（内存）地址"，而 "*" 符号表示"（内存）地址处的对象"。

现在，double_negatives 函数的 a 的参数类型为 &mut [i32;10]。通过在类型说明之前放置 & 符号，可以指定它是紧随其后指定类型的对象的地址（address 也称为指针 pointer 或引用 reference）。因此，在本例中，a 的类型为"十个 32 位带符号整数的可变数组的地址"。

在函数体中，我们对处理地址本身不感兴趣，但对由该地址引用的对象感兴趣，因此我们使用 * 符号访问此类对象。通常，给定引用 a，*a 表达式表示该引用所引用的对象。

在函数的第二行中，使用 *a 表达式访问位于作为参数接收的地址处的对象两次。这样的对象是一个数组，因此可以访问其 i 索引项。

*a 表达式的括号是必需的，因为方括号优先于星号运算符，因此 *a[i] 表达式将视为 *(a[i])，这意味着"取对象 a 的第 i 项，然后，将该项视为地址，取具有该地址的对象"。这不是我们想要做的，但是它会生成编译错误 type `i32` cannot be dereferenced（类型"i32"无法取消引用），即"无法获取其内存地址包含在类型 i32 的值中的对象"。

使用这种参数传递，double_negatives 函数仅接收数组的地址，通过该地址可以读取和写入该数组的项。

声明此函数后，我们可以使用它。必须声明数组并将其初始化为可变数组，因为必须更改其内容。然后，在不期望返回值的情况下调用该函数，而是将数组的地址作为参数传递。请注意，还需要在传递参数的地方也重复 mut 关键字，以明确表明所引用的对象应由函数更改。

实际上，此函数可以简化为以下等效版本：

```rust
fn double_negatives(a: &mut [i32; 10]) {
    for i in 0..10 {
        if a[i] < 0 { a[i] *= 2; }
    }
}
```

我们删除了两个星号，并因此删除了它们的括号，它们已经变得无用了。

我们说过这里 a 不是数组，而是数组的地址，所以 a[i] 表达式应该是非法的。然而，Rust 对此类地址进行了以下简化：每次不当地使用引用时，就好像它是非引用值一样，Rust 试图假装它前面带有星号，即尝试对它取消引用。因此它会被视为引用对象而不是引用本身。

这样得到的语法是 C++ 引用的语法，区别在于在 Rust 中还允许应用显式地取消引用，即在某个引用之前，你可以编写或省略星号，而在 C++ 中，必须将星号放入在指针之前，并且不能将其放在引用之前。

9.4.1 使用引用

引用主要用作函数参数，但是也可以在其他地方使用它们：

```rust
let a = 15;
let ref_a = &a;
print!("{} {} {}", a, *ref_a, ref_a);
```

这将打印："15 15 15"。

实际上，同一对象被打印了三遍。

a 变量仅包含一个 32 位对象，其值是数字 15。ref_a 变量包含该对象的内存地址，即 a 变量的地址。因此，它是对一个数字的引用。

在最后一个语句中，首先打印 a 的值；然后，获取并打印由 ref_a 引用的对象；最后，编译器尝试直接打印 ref_a 变量，但是由于不允许以这种方式直接打印引用，因此将获取并打印它所引用的对象。

使用引用，可以发挥一些技巧：

```
let a = &&&7;
print!("{} {} {} {}", ***a, **a, *a, a);
```

这将打印："7 7 7 7"。

在第一个语句中，取得 7 值，并将其放在内存中的一个无名对象中。然后，获取该对象的地址，并将该地址放入内存中第二个无名对象中。然后，获取该对象的地址，并将其放入内存中第三个无名对象中。然后，获取该对象的地址，并将其放置在内存中的第四个对象中，并且把名称 a 与该对象相关联。第四个对象是 a 变量，因此是对数字的引用的引用的引用。

在第二个语句中，首先打印 ***a 表达式。在这里，考虑到 a 是引用，通过使用三个中最右边的星号来获取 a 引用的对象；然后，考虑到该对象也是一个引用，则使用中间的星号将其引用的对象作为对象；然后，考虑到该对象也是一个引用，则使用最左边的星号获取该对象引用的对象；最后，考虑到该对象是数字，将其打印为数字。

如果添加一个或多个其他星号，则会导致编译错误，因为不允许对数字对象而不是引用的对象取消引用。

在使用完全显式的语法打印了前 7 个之后，使用分别包含一个、两个或三个星号的表达式将同一对象打印三遍。

9.4.2 引用的可变性

让我们看看如何在引用中使用 mut 关键字：

```
let mut a: i32 = 10;
let mut b: i32 = 20;
let mut p: &mut i32 = &mut a; // line 3
print!("{} ", *p);
*p += 1; // line 5
print!("{} ", *p);
p = &mut b; // line 7
print!("{} ", *p);
*p += 1; // line 9
print!("{} ", *p);
```

这将打印："10 11 20 21"。

在这里，我们有两个数字变量 a 和 b，以及引用 p，它最初引用 a。

暂时请忽略所有这些 mut 语句。

最初，a 的值为 10，p 引用 a，因此，通过打印 *p，打印 10。

然后，在第 5 行，由 p 引用的对象增加，变为 11，因此，通过打印 *p，打印 11。

然后，在第 7 行，将 p 改为引用 b，其值为 20，实际上通过打印 *p，打印 20。

然后，在第 9 行，现在 p 所指的对象也增加，变为 21，因此通过打印 *p，打印 21。

注意，在第 5 行，p 间接增加 a 变量，因此 a 必须是可变的；在第 9 行，p 间接增加 b 变量，因此 b 必须是可变的；在第 7 行，p 本身已更改，因此 p 也必须是可变的。但是编译器的推理是不同的。

实际的推理如下。

在第 5 行和第 9 行，由 p 引用的对象是递增的，即，它们被读写，并且仅当 *p 是可变的时才允许这样做。所以 p 不能是 &i32 类型。它必须是 &mut i32 类型，即"对可变 i32 的引用"。

表达式 &a 的类型为 &i32，因此不能将其赋给 p，即 &mut i32 类型的变量。相反，表达式 &mut a 具有正确的类型，因为它具有与 p 相同的可变性。因此，第 3 行中的初始化是正确的。

但是表达式 &mut a 可以理解为"对可变 a 的引用"，它允许我们更改 a，而 Rust 仅在 a 是可变的时才允许这样做。因此，仅当 a 变量声明为可变时，才允许在第 3 行进行初始化。同样，仅当 b 变量可变时，才允许在第 7 行进行初始化。

然后，请注意，第 7 行 p 本身发生了变化，也就是说，使其引用了其他对象。仅当 p 变量可变时才允许这样做。

至此，已经解释了该程序中 mut 的任何用法。

但是，必须强调在第 3 行中，第一个 mut 单词的含义与其他两个 mut 不同。

第一个 mut 字意味着可以更改 p 变量，这意味着可以重新对它赋值，使其引用另一个对象，就像在第 7 行所做的一样。没有这样的 mut 单词，p 将始终引用同一对象。

第二个和第三个 mut 单词意味着 p 的类型允许它更改所引用对象的值。如果没有这样的 mut 单词，p 将无法更改其引用对象的值。

定义泛型函数和结构

在本章中，你将学习：

❑ 如何编写单个函数定义，使其调用可以有效处理不同的数据类型

❑ 如何使用类型推断来避免指定泛型函数所使用的类型

❑ 如何编写单个结构、元组结构或枚举类型，其实例可以有效地包含不同的数据类型

❑ 如何使用两个重要的标准泛型枚举 Option 和 Result，代表可选数据或易错函数结果

❑ 一些标准函数如何简化对选项和结果的处理

10.1 对泛型函数的需求

Rust 执行严格的数据类型检查，因此当你定义使用某种类型参数的函数时，比如说 fn square_root(x: f32) -> f32，调用该函数的代码必须向其传递一个严格属于这种类型的表达式，例如 square_root(45.2f32)，或者每次使用该函数时都必须执行显式转换，例如 square_root(45.2f64 as f32)。你不能像 square_root(45.2f64) 那样传递其他类型。

这不但对于那些编写调用该函数的代码的人来说是不便的，而且对于那些编写该函数本身的人来说也是不便的。由于 Rust 具有许多不同的数字类型，当你编写函数时，必须应对选择哪种类型的问题。例如，如果你决定指定函数的参数必须为 i16 类型，但是对于每次调用，首选 i32 类型，则最好更改该函数定义。

而且，就我们所知，如果你的函数将由多个模块甚至由多个应用程序使用，则无法满足函数的每个用户的需求。

例如：

```
// Library code
fn f(ch: char, num1: i16, num2: i16) -> i16 {
    if ch == 'a' { num1 }
    else { num2 }
}
// Application code
print!("{}", f('a', 37, 41));
```

这将打印："37"。

在应用程序代码中，如果将 37 替换为 37.2，将 41 替换为 41.，则会出现编译错误。而且，如果在每个数字后加上 as i16，则获得语句 print!("{}", f('a', 37.2 as i16, 41. as i16));该程序仍将打印 37，而不是所需的 37.2。

在决定更改库代码，用 f32 或 f64 替换 i16 时，该程序将在上述所有情况下正常运行，但会强制所有调用者都使用浮点数。

10.2 定义和使用泛型函数

解决 Rust 中此问题的惯用方式是编写以下代码：

```
// Library code
fn f<T>(ch: char, num1: T, num2: T) -> T {
    if ch == 'a' { num1 }
    else { num2 }
}
// Application code
let a: i16 = f::<i16>('a', 37, 41);
let b: f64 = f::<f64>('b', 37.2, 41.1);
print!("{} {}", a, b);
```

这将打印 37 41.1。

在函数定义中，函数名之后，有一个用尖括号括起来的字母 T。该符号是函数声明的类型参数。

这意味着声明的不是具体函数，而是由 T 类型参数来参数化的泛型函数。仅当仍在编译时为该 T 参数指定具体类型时，该函数才成为具体函数。

此类 T 参数仅在函数定义的范围内定义。实际上，它仅在函数的签名中使用了 3 次，并且它也可以在函数的函数体中使用，但不能在其他地方使用。

ch 参数是 char 类型，而 num1 和 num2 参数以及函数返回的值都是 T 泛型类型。当使用这种函数时，将需要用具体类型替换此类 T 参数，以便获得具体函数。

应用程序代码的第一行，使用 f::<i16> 函数，而不是使用 f 泛型函数，即通过将 T 参数替换为 i16 类型而获得的具体函数。类似地，应用程序代码的第二行调用 f::<f64> 函数，即通过将 T 参数替换为 f64 类型而获得的具体函数。

请注意，在使用 i16 类型的地方，可能会限制为 i16 类型的两个整数值作为 f 泛型函数的第二个和第三个参数来传递，并且该函数返回的值被赋予类型为 i16 的变量。

相反，在使用 f64 类型的情况下，可能会限制为 f64 类型的两个浮点值作为 f 泛型函数的第二个和第三个参数来传递，并且该函数返回的值被赋予类型为 f64 的变量。

如果交换函数参数的类型或接收返回值的变量的类型，或者把两者的类型都交换，则将获得一些 mismatched types（不匹配的类型）编译错误。

通过以这种方式，编写无重复的库代码，可以编写使用两种不同类型的应用程序代码，并且可以轻松添加其他类型，而不必更改现有库代码。

C 语言不允许编写泛型函数，但 C++ 语言允许编写它们：它们是函数模板。

10.3　推断参数类型

尽管，上面的应用程序代码可以进一步简化：

```rust
// Library code
fn f<T>(ch: char, num1: T, num2: T) -> T {
    if ch == 'a' { num1 }
    else { num2 }
}

// Application code
let a: i16 = f('a', 37, 41);
let b: f64 = f('b', 37.2, 41.1);
print!("{} {}", a, b);
```

看上去，::<i16> 和 ::<f64> 子句已被删除，无论如何都获得了等效程序。实际上，编译器在解析泛型函数的调用时，会使用作为参数传递的值的类型来确定类型参数。

可以说，参数类型是从包含泛型函数调用的表达式中使用的值的类型推断出来的。

当然，所使用的各种类型必须一致：

```rust
fn f<T>(a: T, _b: T) -> T { a }
let _a = f(12u8, 13u8);
let _b = f(12i64, 13i64);
let _c = f(12i16, 13u16);
let _d: i32 = f(12i16, 13i16);
```

这将在倒数第二个语句中生成一个编译错误，并在最后一个语句中生成另外两个错误。实际上，第一次和第二次调用传递两个相同类型的数字，而第三次调用传递两个不同类型的值，即使它们必定是相同的类型（由 T 泛型类型表示）也是如此。

在最后一条语句中，两个参数的类型相同，但是返回的值被赋予不同类型的变量。

如果你需要使用多个不同类型的值来对函数进行参数化，则可以通过指定多个类型参数来实现：

```rust
fn f<Param1, Param2>(_a: Param1, _b: Param2) {}
f('a', true);
f(12.56, "Hello");
f((3, 'a'), [5, 6, 7]);
```

该程序是合法的，尽管它不执行任何操作。

10.4　定义和使用泛型结构

参数类型对于声明泛型结构和泛型元组结构也很有用：

```rust
struct S<T1, T2> {
    c: char,
    n1: T1,
    n2: T1,
    n3: T2,
}
let _s = S { c: 'a', n1: 34, n2: 782, n3: 0.02 };
struct SE<T1, T2> (char, T1, T1, T2);
let _se = SE ('a', 34, 782, 0.02);
```

第一条语句声明由两个类型 T1 和 T2 参数化的泛型结构 S。此类泛型类型中的第一个由两个字段使用，而第二个仅由一个字段使用。

第二条语句创建一个具有此类泛型的具体版本的对象。参数 T1 隐式替换为 i32，因为两个无约束的整数 32 和 782 用于初始化两个字段 n1 和 n2，而参数 T2 隐式替换为 f64，因为无约束的浮点数 0.02 用于初始化字段 n3。

第三和第四条语句相似，但是它们使用元组结构而不是结构。

对于结构，同样可以明确类型参数的具体化：

```rust
struct S<T1, T2> {
    c: char,
    n1: T1,
    n2: T1,
```

```
    n3: T2,
}
let _s = S::<u16, f32> { c: 'a', n1: 34, n2: 782, n3: 0.02 };

struct SE<T1, T2> (char, T1, T1, T2);
let _se = SE::<u16, f32> ('a', 34, 782, 0.02);
```

C 语言不允许使用泛型结构，但 C++ 语言允许使用它们：它们是类模板和结构模板。

10.4.1　泛型机制

为了更好地理解泛型的工作原理，你应该扮演编译器的角色，通过编译过程来理解。确实，从概念上讲，泛型代码的编译分多个阶段进行。

让我们通过以下代码的编译过程理解编译概念机制：

```
fn swap<T1, T2>(a: T1, b: T2) -> (T2, T1) { (b, a) }
let x = swap(3i16, 4u16);
let y = swap(5f32, true);
print!("{:?} {:?}", x, y);
```

在第一阶段，编译器将扫描源代码，并且每次找到泛型函数声明（在本示例中为 swap 函数的声明）时，它在其数据结构中加载该函数的内部表示形式（以其所有泛型形式加载），仅检查泛型代码中是否有语法错误。

在第二阶段，编译器再次扫描源代码，并且每次遇到泛型函数的调用时，编译器都会检查此类用法与泛型声明的相应内部表示之间的关联。然后，在确定这种对应关系有效后，在其数据结构中加载这种对应关系。

因此，在示例的前两个阶段之后，编译器具有泛型 swap 函数和具体的 main 函数，而这最后一个函数包含对泛型 swap 函数的两个引用。

在第三阶段，将扫描所有泛型函数调用（在示例中，是两次 swap 调用）。对于每个这样的用法，以及对于相应定义的每个泛型参数，都将确定一个具体类型。这种具体类型可能在用法中是显式的，或者（如示例中所示）可以从用作函数参数的表达式的类型中推断出来。在该示例中，对于第一次调用 swap，参数 T1 与 i16 类型相关联，而参数 T2 与 u16 类型相关；相反，在第二次调用 swap 时，参数 T1 与 f32 类型关联，而参数 T2 与 bool 类型关联。

在确定要替换泛型参数的具体类型之后，将生成泛型函数的具体版本。在这样的具体版本中，每个泛型参数都由根据特定函数调用确定的具体类型替换。泛型函数的调用被刚生成的具体函数的调用替换。

对于该示例，生成的内部表示对应于以下 Rust 代码：

```
fn swap_i16_u16(a: i16, b: u16) -> (u16, i16) { (b, a) }
fn swap_f32_bool(a: f32, b: bool) -> (bool, f32) { (b, a) }
let x = swap_i16_u16(3i16, 4u16);
let y = swap_f32_bool(5f32, true);
print!("{:?} {:?}", x, y);
```

如你所见，再也没有泛型定义或泛型函数调用了。泛型函数定义已转换为两个具体的函数定义，并且两个函数调用现在分别调用一个不同的具体函数。

第四阶段是编译此代码。

注意，由于泛型 swap 函数的两个调用指定了不同的类型，因此需要生成两个不同的具体函数。

但是这段代码

```
fn swap<T1, T2>(a: T1, b: T2) -> (T2, T1) { (b, a) }
let x = swap('A', 4.5);
let y = swap('g', -6.);
print!("{:?} {:?}", x, y);
```

在内部翻译为以下代码：

```
fn swap_char_f64(a: char, b: f64) -> (f64, char) { (b, a) }
let x = swap_char_f64('A', 4.5);
let y = swap_char_f64('g', -6.);
print!("{:?} {:?}", x, y);
```

尽管泛型函数 swap 有多个调用，也只生成一个具体版本，因为所有调用都需要相同类型的参数。

通常，在多次调用指定完全相同的类型参数时，总是应用于只生成泛型函数声明的一个具体版本的优化。

编译器可以在单个程序中生成与单个函数相对应的几种具体版本的机器代码的事实具有以下后果：

❑ 与编译非泛型代码相比，此多阶段编译要慢一些。

❑ 生成的代码针对每个特定的调用进行了高度优化，因为它完全使用了调用者使用的类型，而无须进行转换或决策。因此，优化了每个调用的运行时性能。

❑ 如果为泛型函数执行了许多具有不同数据类型的调用，则会生成大量机器代码。我们已经谈到了这种现象，称之为"代码膨胀"，为了优化性能，最好不要在单个处理中使用许多不同的类型，因为不同的代码用于不同的类型，而这会给 CPU 缓存造成负担。

本节中有关泛型函数的所有内容也适用于泛型结构和元组结构。

10.4.2　泛型数组和向量

关于数组和向量，没有新东西。我们从一开始就将它们视为泛型类型。

实际上，虽然数组是 Rust 语言的一部分，但向量是在 Rust 标准库中定义的结构。

10.4.3　泛型枚举

在 Rust 中，枚举也可以是泛型的。

```
enum Result1<SuccessCode, FailureCode> {
    Success(SuccessCode),
    Failure(FailureCode, char),
    Uncertainty,
}
let mut _res = Result1::Success::<u32,u16>(12u32);
_res = Result1::Uncertainty;
_res = Result1::Failure(0u16, 'd');
```

该程序有效。相反，下一个程序将在最后一行产生编译失败，因为 Failure 的第一个参数的类型为 u32，而根据前两行的 _res 的初始化语句，它的参数应该为 u16。

```
enum Result1<SuccessCode, FailureCode> {
    Success(SuccessCode),
    Failure(FailureCode, char),
    Uncertainty,
}
let mut _res = Result1::Success::<u32,u16>(12u32);
_res = Result1::Uncertainty;
_res = Result1::Failure(0u32, 'd');
```

泛型枚举在 Rust 标准库中经常使用。

Rust 标准库中定义的最常用的一个枚举解决了以下常见问题。如果某个函数可能失败，那么当失败时该怎么办？

例如，函数 pop 从向量中删除最后一个项，然后返回删除的项（如果该向量包含某些项）。但是表达式 vec![0; 0].pop() 应该做什么？它正在从空向量中删除一个项！

某些语言未定义此行为，可能导致崩溃或不可预测的结果。Rust 避免了尽可能多的不确定行为。

某些语言会引发异常，异常由封闭块或当前函数的调用者处理，否则会导致崩溃。Rust 不使用异常（exception）的概念。

一些语言返回特定的 null 值。但是向量几乎可以包含任何可能的类型，并且许多类型没有 null 值。

这是 Rust 解决方案：

```rust
let mut v = vec![11, 22, 33];
for _ in 0..5 {
    let item: Option<i32> = v.pop();
    match item {
        Some(number) => print!("{}, ", number),
        None => print!("#, "),
    }
}
```

这将打印："33, 22, 11, #, #,"。

v 变量是一个向量，最初包含三个数字。

循环执行五次迭代。每次都试图从 v 中删除一个项。如果删除成功，则打印删除的项，否则打印 # 字符。

应用于 Vec<T> 类型的对象的 pop 函数将返回 Option<T> 类型的值。

这个泛型类型由 Rust 标准库定义为：

```rust
enum Option<T> {
    Some(T),
    None,
}
```

这个枚举的意思是："这是 T 类型的可选值。它可以选择是 T，还可以选择什么都不是。可以是什么也可以什么都不是。如果它是什么的话，那它就是 T。"

如果这个定义是这样的话，可能会更清楚：

```rust
enum Optional<T> {
    Something(T),
    Nothing,
}
```

应该这样认为。但是，Rust 总是尝试缩写名称，因此先前的定义是有效的。

回到示例，在循环的第一次迭代中，变量 item 的值为 Some(33)；在第二次迭代中是 Some(22)；在第三次迭代中是 Some(11)；然后 v 向量变为空，因此 pop 只能返回 None，该值在第四次和第五次迭代中赋给 item。

当弹出 Some 数字和 None 时，match 语句会进行区分。在前一种情况下，将打印该数字，而在后一种情况下，将仅打印 #。

10.5 错误处理

Rust 标准库还定义了一个泛型枚举，以处理函数无法返回期望类型的值的情况。

```
fn divide(numerator: f64, denominator: f64) -> Result<f64, String> {
    if denominator == 0. {
        Err(format!("Divide by zero"))
    } else {
        Ok(numerator / denominator)
    }
}
print!("{:?}, {:?}", divide(8., 2.), divide(8., 0.));
```

这将打印 Ok(4)，Err("Divide by zero")。

divide 函数应返回第一个数字除以第二个数字的结果，但前提是第二个数字不为零。在后一种情况下，它应该返回错误消息。

Result 类型类似于 Option 类型，但是 Option 类型在缺少结果的情况下表示为 None，Result 类型可以添加一个描述这种异常情况的值。

标准库中此泛型枚举的定义为：

```
enum Result<T, E> {
    Ok(T),
    Err(E),
}
```

在我们的示例中，T 为 f64，因为这是将两个 f64 数字相除得到的类型，E 为字符串，因为我们要打印一条消息。

我们仅把调用结果用来打印调试信息。但是，在生产程序中，这是不可接受的。以下是一段更合适的代码。

```
fn divide(numerator: f64, denominator: f64) -> Result<f64, String> {
    if denominator == 0. {
        Err(format!("Divide by zero"))
    } else {
        Ok(numerator / denominator)
    }
}
fn show_divide(num: f64, den: f64) {
    match divide(num, den) {
        Ok(val) => println!("{} / {} = {}", num, den, val),
        Err(msg) => println!("Cannot divide {} by {}: {}", num, den, msg),
    }
}
```

```
show_divide(8., 2.);
show_divide(8., 0.);
```

这将打印：

```
8 / 2 = 4
Cannot divide 8 by 0: Divide by zero
```

10.6 枚举标准实用程序函数

Option 和 Result 标准泛型类型使我们能够灵活、高效地捕获实际代码中发生的所有情况。但是，使用 match 语句获取结果非常不便。

因此，标准库包含了一些实用程序函数，以简化对 Option 或 Result 值的解码。

```
fn divide(numerator: f64, denominator: f64) -> Result<f64, String> {
    if denominator == 0. {
        Err(format!("Divide by zero"))
    } else {
        Ok(numerator / denominator)
    }
}
let r1 = divide(8., 2.);
let r2 = divide(8., 0.);
println!("{} {}", r1.is_ok(), r2.is_ok());
println!("{} {}", r1.is_err(), r2.is_err());
println!("{}", r1.unwrap());
println!("{}", r2.unwrap());
```

该程序首先打印：

```
true false
false true
4
```

然后出现以下紧急处理消息：thread 'main' panicked at 'called `Result::unwrap()` on an `Err` value: "Divide by zero"'（线程 "main" 紧急处理于 "在 `Err` 值上调用 `Result::unwrap()`："除以零"）。

如果将 is_ok 函数应用于 Ok 变量，则返回 true。如果将 is_err 函数应用于 Err 变量，则返回 true。因为它们是唯一可能的变体，所以 is_err() 等效于 ! is_ok()。

如果将 unwrap 函数应用于 Ok 变量，则 unwrap 函数将返回 Ok 变量的值，否则它将出现紧急情况。该函数的含义是 "我知道此值可能是用 Ok 变量包装的值，因此我只想获取这个包含的值，而去掉它的包装；在奇怪的情况下，它不是 Ok 变体，已经发生了不可恢复的错误，所以我想立即终止该程序。"

Option 枚举也有一个 unwrap 函数。要在 Vec 中打印所有值，你可以编写：

```
let mut v = vec![11, 22, 33];
for _ in 0..v.len() {
    print!("{}, ", v.pop().unwrap())
}
```

这将打印："33, 22, 11,"。调用 unwrap 将获取 pop() 返回的 Ok 枚举内的数字。我们避免在空向量上调用 pop()。否则，pop() 将返回 None，而 unwrap() 将会产生紧急处理。

unwrap 函数在快速上手的 Rust 程序中大量使用，这种程序不需要以对用户友好的方式处理可能的错误。

Chapter 11 第 11 章

分 配 内 存

在本章中，你将学习：

❏ 各种内存分配的性能特征及其局限性

❏ 如何在 Rust 中指定要用于对象的内存分配

❏ 引用与 Box（箱）之间的区别

11.1　各种分配

要了解 Rust 语言以及其他任何系统编程语言（如 C 语言），重要的是要了解各种内存分配概念，例如静态分配、栈分配和堆分配。

本章重点关注该主题。特别是，我们将介绍四种内存分配方式：

❏ 在处理器寄存器中分配

❏ 静态分配

❏ 在栈中分配

❏ 在堆中分配

在 C 和 C++ 语言中，静态分配是对全局变量和使用 static 关键字声明的变量的分配，栈分配是用于所有非静态局部变量以及函数参数的分配，而堆分配是通过调用 C 语言标准库的 malloc 函数或使用 C++ 语言的 new 运算符的分配。

11.1.1　线性寻址

在任何计算机硬件中，都有一个可读写的存储器，也称为 RAM，它由一长串字节组成，可按其位置访问。内存的第一个字节的位置为零，而最后一个字节的位置等于已安装内存的大小减一。

简而言之，在我们这个时代，有两种计算机：

- ❑ 一次只可以运行一个进程，并且该进程直接使用物理内存地址。这种系统称为"实内存系统"。

- ❑ 具有多道程序的操作系统，该操作系统为每个正在运行的进程都提供虚拟地址空间。这种系统称为"虚拟内存系统"。

在现在仅用作控制器的第一种计算机中，可能没有操作系统（因此也称为"裸机系统"），或者可能存在驻留在内存开始部分中的操作系统。在后一种情况下，可供应用程序使用的是大于某个值的地址。

在第二种计算机中，访问系统内存任何部分的功能都保留给操作系统，该操作系统以特权模式（也称为"保护模式"或"内核模式"）运行，并且此类软件会分配部分内存给各种运行的进程。

但是，在多道程序系统中，进程"看到"的内存与操作系统"看到"的内存不同。考虑一下：进程向操作系统请求使用额外 200 个内存字节的权限，并且操作系统通过为此进程保留内存（例如，从机器位置 300 到机器位置 499 的内存部分）来满足该请求。系统向进程传达分配了 200 个字节，但没有传达该部分内存的起始地址为 300。实际上，每个进程都有一个单独的地址空间，通常称为"虚地址"，而操作系统将其映射到的物理内存，通常称为"实地址"。

实际上，当某个进程向操作系统请求一些内存时，操作系统仅为该进程保留部分地址空间，而没有为该进程保留实内存。因此，即使对于非常大量的存储请求，这种分配也非常快。

只要进程尝试访问此类内存，即使仅将其初始化为零，操作系统也会意识到该进程正在访问的虚拟内存的各个部分还没有映射到实存储器，并且它立即执行所访问的虚拟内存部分到对应的实内存部分的映射。

因此，这些进程不是直接在实内存上运行，而是在操作系统已提供给它们并已映射到实内存的虚拟内存上运行。

实际上，通常单个进程的虚拟内存甚至大于计算机的整个实内存。例如，你可能有一台 1 GB 物理（实）内存的计算机，以及在此计算机上运行的四个进程，每个进程具有 3GB

的虚拟内存空间。如果所有虚拟内存都映射到实内存，则要处理这种情况，将需要 12GB 的内存。相反，虚拟内存的大多数字节未映射到实内存。只有进程实际使用的字节才会映射到实内存。只要进程开始使用其地址空间中尚未映射到实内存的部分，操作系统便会将虚拟内存的这些部分映射到相应的实内存部分。

因此，每当进程访问一个地址以进行读取或写入时，如果该地址属于保留并映射到实内存相应部分的虚拟内存部分（称为"页面"），则该进程将立即访问该实内存。相反，如果页面是保留的但当前未映射，则操作系统在允许这种访问之前以称为"页面错误"的机制启动，通过该机制，它分配实内存页面并将其映射到包含访问地址的虚拟内存页面；如果访问的地址不属于操作系统作为进程地址空间一部分保留的页面，则寻址发生错误（通常称为"段错误"）。通常，解决错误会导致进程立即终止。

当然，如果程序过多地使用内存，则操作系统可能会花费大量时间来进行此类映射，从而导致进程执行速度极大减慢，甚至由于内存不足而终止进程。

因此，在现代计算机中，无论是单程序计算机还是多道程序计算机，每个进程都将其内存"看作"字节数组。在一种情况下，它是实内存，在其他情况下，它是虚拟内存，但无论如何，它都是一个连续的地址空间，或者，正如通常所说的，使用"线性寻址"。这与使用"分段的"地址空间的旧计算机系统不同，应用程序程序员使用分段地址更麻烦。

所有这些都是为了说明，在虚拟内存系统中，操作系统管理一种内存分配，即从虚拟内存到实内存的映射。但从现在开始，我们将不会谈论这种内存分配，而是将内存分配定义为该进程保留"看到"的一部分内存并将该内存部分与对象相关联的操作。

11.1.2 静态分配

但是，有各种分配策略。

最简单的分配策略是"静态"分配。根据这种策略，编译器确定程序的每个对象需要多少个字节，并从地址空间连续获取相应的字节序列。因此，每个变量的地址都是在编译时确定的。这是 Rust 中的一个示例：

```
static _A: u32 = 3;
static _B: i32 = -1_000_000;
static _C: f64 = 5.7e10;
static _D: u8 = 200;
```

static 关键字类似于 let 关键字。两者均用于声明变量并可选地对其进行初始化。

static 和 let 之间的区别是：

❑ static 使用静态分配，而 let 使用栈分配。

❏ static 需要显式指定变量的类型，使用 let 时变量类型是可选的。

❏ 普通代码即使具有 mut 规范，也无法更改静态变量的值。因此，出于安全原因，在 Rust 中，静态变量通常是不可变的。

❏ 编程风格准则要求静态变量的名称仅包含大写字母，且单词之间用下划线分隔。如果违反了该规则，则编译器将发出警告。

在这四个方面中，只有第一个方面提到了分配类型。

_A 和 _B 变量各占用 4 个字节，_C 占用 8 个字节，而 _D 仅占用 1 个字节。如果进程的地址从零开始（通常是错误的），则编译器将向 _A 分配地址 0，向 _B 分配地址 4，向 _C 分配地址 8，并向 _D 分配地址 16，在编译时总计分配了 17 个字节。

启动程序时，该进程要求操作系统使用 17 个字节的内存。然后，在执行期间，不再执行任何内存请求。当进程终止时，所有进程内存将自动释放给操作系统。

静态分配的一个缺点是不能创建递归函数，递归函数是直接或间接调用自身的函数。确实，如果函数的参数和局部变量都是静态分配的，则它们只有一个副本，并且当函数调用自身时，它不能具有其参数和局部变量的另一个副本。

静态分配的另一个缺点是，所有子例程的所有变量都在程序开始时分配，并且如果程序包含许多变量，但是每个特定的执行只使用其中的一小部分，那么许多变量将被无用地分配，从而使得程序内存不足。

另外，静态变量是不安全的。因此，在 Rust 中，它们并不常用。

但是，静态分配广泛用于其他两种数据：所有可执行的二进制代码（实际上不是真正的“数据”）和所有字符串字面量。

11.1.3 栈分配

由于静态分配的缺点，Rust 会在每次使用 let 关键字声明变量以及每次将参数传递给函数调用时在“栈”中分配一个对象。所谓的“栈”是每个进程地址空间的一部分。

实际上，每个线程都有一个栈，而不是每个进程都有一个栈。如果操作系统支持线程，则每次启动程序（即每次创建进程）时，都会在该进程内部创建并启动线程。之后，在同一进程内，可以创建和启动其他线程。每次创建线程（包括进程的主线程）时，都将请求操作系统分配一部分地址空间，即该线程的栈。在实内存系统中，程序执行开始时仅创建一个栈。

每个线程都保存其栈两端的地址。通常，将值较高的一端视为栈的底部，将值较低的一端视为栈的顶部。

让我们考虑下面的代码，与前面的代码类似，但是使用栈分配而不是静态分配：

```
let _a: u32 = 3;
let _b: i32 = -1_000_000;
let _c: f64 = 5.7e10;
let _d: u8 = 200;
```

该程序只有一个线程。现在，非常不现实地假设该线程只有 100 个字节的栈，地址从（包含）500 到（不含）600。运行该程序时，从基地址（即 600）开始分配四个变量。

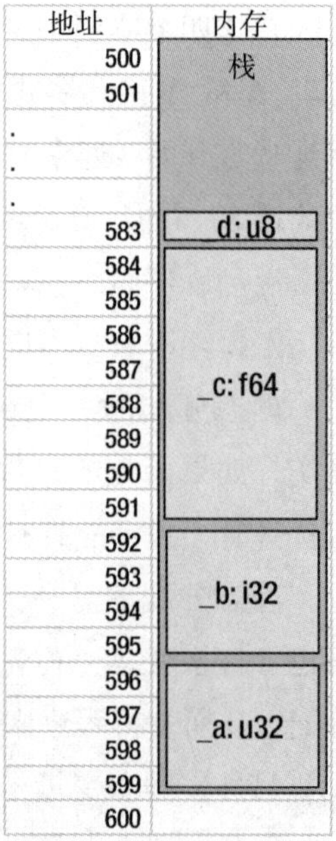

因此，如图 11-1 所示，_a 变量将占据地址从 596 到 599 的 4 个字节，_b 变量将占据地址从 592 到 595 的 4 个字节，_c 变量将占据地址从 584 到 591 的 8 个字节，而 _d 变量将仅占据地址为 583 的字节。

但是，当需要指示对象的地址时，必须始终指定较低的地址。因此，我们说 _a 位于地址 596，_b 位于地址 592，_c 位于地址 584，_d 位于地址 583。

"栈（堆叠）"（stack）一词指的是：如果我们有一叠盘子，就不应该在堆叠中间插入一个盘子，也不应该从堆叠中间取出一个盘子。如果尚未到达天花板，则只能在盘子的顶部添加一个盘子；如果堆叠不空，则只能从堆叠的顶部取出盘子。

同样，栈分配的特征是只能在栈顶部添加项，也只能从栈顶部删除项。

图 11-1

栈分配和回收非常快，因为它们分别包含递减或递增最后插入但尚未删除项的地址，这是栈"顶部"的地址。该地址称为"栈指针"，并且一直保存在处理器寄存器中，直到有上下文切换，并且把控制权传递给另一个线程为止。

仅在顶部操作的栈的限制仅适用于分配和回收，而不适用于其他类型的访问。实际上，一旦将某对象添加到栈中，即使又添加了其他对象，也可以读取和写入该对象，只要这种写入不会增加或减小该对象的大小即可。

调用一个函数时，将为其所有参数及其所有局部变量分配足够的栈空间。通过将栈指针减去所有此类对象大小的总和来执行这种分配。当该函数的执行终止时，通过将栈指针增加相同的值来释放栈空间。因此，在函数返回之后，栈指针将恢复为函数调用之前的值。

但是，可以从程序中的多个位置调用某个函数，而在这些位置中，栈可以具有不同大小的内容。因此，任何函数的参数和局部变量都根据调用该函数的位置而分配到不同的位置。这是一个例子：

```
fn f1(x1: i32) {
    let y1 = 2 + x1;
}
fn f2(x2: i32) {
    f1(x2 + 7);
}
let k = 20;
f1(k + 4);
f2(30);
```

让我们跟踪该程序的执行。下表显示了每次操作后栈的前四个位置的内容。

操 作	1 2 3 4	说 明
k →	20	调用 main 时将其局部变量 k 的值 20 添加到栈中
x1 →	20 24	调用 f1 时将其参数 x1 的值 24 添加到栈中
y1 →	20 24 26	f1 开始执行时将其局部变量 y1 的值 26 添加到栈中
← y1	20 24	f1 终止时从栈中删除其局部变量 y1 的值 26
← x1	20	f1 终止时从栈中删除其参数 x1 的值 24
x2 →	20 30	调用 f2 时将其参数 x2 的值 30 添加到栈中
x1 →	20 30 37	调用 f1 时将其参数 x1 的值 37 添加到栈中
y1 →	20 30 37 39	f1 开始执行时将局部变量 y1 的值 39 添加到栈中
← y1	20 30 37	f1 终止时从栈中删除其局部变量 y1 的值 39
← x1	20 30	f1 终止时从栈中删除了其参数 x1 的值 37
← x2	20	f2 终止时从栈中将删除其参数 x2 的值 30
← k	20	main 终止时从栈中删除其局部变量 k 的值 20

实际上，每调用一个函数，就会将更多数据添加到栈中，并且每当该函数终止时，就会从栈中删除这些数据，但是在这里我们可以忽略这类附加数据。如上表所示，f1 函数被调用了两次。第一次，其参数 x1 由放置在栈第二个位置的值为 24 的对象表示，其局部变量 y1 由放置在栈第三个位置的值为 26 的对象表示。相反，第二次调用 f1 时，其参数 x1 由放置在栈第三个位置的值为 37 的对象表示，其局部变量 y1 由放在栈第四个位置的值为 39 的对象表示。

因此，为函数 f1 生成的机器代码不能使用绝对地址来引用其参数和局部变量。相反，它使用相对于"栈指针"的地址。最初，栈指针包含栈的基地址。在机器代码中，栈分配变量的地址都相对于栈指针。让我们再次看一下上面的例子。

下表展示了每个操作之后栈的前四个位置的内容、栈指针的值以及与变量 x1 和 y1 相关联的对象的绝对地址，其中 SP 表示"栈指针"。

操　作	1　2　3　4	栈指针	x1	y1
		base		
k →	20	base-4		
x1 →	20　24	base-12	SP + 4	SP
y1 →	20　24　26	base-12	SP + 4	SP
← y1	20　24	base-12		
← x1	20	base-4		
x2 →	20　30	base-8		
x1 →	20　30　37	base-16	SP + 4	SP
y1 →	20　30　37　39	base-16	SP + 4	SP
← y1	20　30　37	base-16		
← x1	20　30	base-8		
← x2	20	base-4		
← k	20	base		

在程序开始执行时，栈指针值是栈基地址，栈的内容未定义，并且变量 x1 和 y1 也尚未定义。

当系统调用 main 函数时，栈指针变为 base - 4，因为 main 函数没有参数，只有一个局部变量 k，它占用 4 个字节。

第一次调用 f1 函数时，栈指针变为 base - 12，因为 f1 函数有一个参数 x1 和一个局部变量 y1，每个局部变量占用 4 个字节。

y1 的创建和销毁不会更改栈指针，因为在函数调用时已经设置了相应的值。

当函数 f1 终止时，栈指针将恢复为函数调用之前的值，即 base - 4。

调用函数 f2 时，栈指针将增加其参数 x2 的大小，并将其设置为 base - 8 的值。

当第二次调用 f1 函数时，栈指针变为 base - 16，因为它的减量与第一次调用的减量相同，即 8 个字节。

当 f1、f2 和 main 函数终止时，栈指针将递增，首先递增至 base - 8，然后递增至 base - 4，最后递增至 base。

如表的最后两列所示，在 f1 函数中，参数 x1 的地址始终是栈指针的值减去 4，局部变量 y1 的地址始终是栈指针本身的值。

栈分配的局限性

栈分配非常方便且高效，但是有一些限制：

❑ 栈的大小通常非常有限。这种大小取决于操作系统，对于某些应用程序可能会进一步减小，但是，从数量级上来说，大约为几兆字节。

❏ Rust 仅允许在栈中分配在编译类型时大小已知的对象（例如基本类型和数组），而不
   允许在栈中分配仅在运行时确定其大小的对象（例如向量）。

❏ 不允许在栈中显式分配对象或从栈中显式取消对象的分配。调用声明变量的函数
   时，将自动分配任何变量，即使在该函数的内部块中声明了该变量，该变量也会在
   该函数的执行终止时才释放。不能覆盖此类行为。

关于第二个限制，我们实际上声明了 Vec<_> 类型的局部变量，因此在栈中分配了相应
的对象，但是在后台，此类对象还在栈外分配了一些内存。

关于第一个限制，很容易构建超出栈容量的示例程序。

🔔 **注**
意 本章中的以下程序肯定会使正在运行的程序崩溃，但也可能导致整个系统故障。所
以，最好在虚拟机中运行它们，并在运行此类示例之前保存所有未决的更改，因为
它们可能会迫使你重启系统。

这是一个程序的示例，该程序超出栈容量，导致所谓的"栈溢出"（stack overflow）：

```
const SIZE: usize = 100_000;
const N_ARRAY: usize = 1_000_000;
fn create_array() -> [u8; SIZE] { [0u8; SIZE] }
fn recursive_func(n: usize) {
    let a = create_array();
    println!("{} {}", N_ARRAY - n + 1, a[0]);
    if n > 1 { recursive_func(n - 1) }
}
recursive_func(N_ARRAY);
```

该程序很可能崩溃，通常会发出类似"段错误"的消息。实际上，它尝试在栈上分配
100 GB 以上的数据。

假设你的目标不是微控制器，则其栈应大于 100 KB。因此，它可以分配至少一个
100 KB 的数组。但是，它可能无法分配 100 万个这样的数组。

让我们分析一下该程序。

在声明常量 SIZE 和 N_ARRAY 以及函数 create_array 和 recursive_func 之后，只有
一个语句，这是对 recursive_func 函数的调用，以 N_ARRAY 作为参数。

recursive_func 函数首先声明变量 a，然后使用 create_array 函数的调用结果对其
进行初始化。接下来，它打印两个数字。如果参数 n 大于 1，它将调用自身，因此它实际上
是一个递归函数。

请注意，每次递归调用都会传递一个减 1 的参数，因此该参数最终不会大于 1，所以该

递归最终会结束。

如果 N_ARRAY 为 3，则第一次调用时参数 n 为 3，第二次调用时为 2，第三次调用时为 1，然后将不再进行其他调用。因此，在这种情况下，recursive_func 总共将被调用 3 次。

实际上，调用次数等于原始调用的参数值，即 100 万。

现在，看一下函数 create_array。它只返回一个 100 000 字节的数组。然后将这样的数组赋给变量 a，因此将其推断为类型 [u8; 100000]。

请记住，变量 a 是在 recursive_func 函数调用时分配的，并且仅在该函数终止时才释放。因此，在每次递归调用时，都会分配 a 的新副本，而无须事先取消现有副本的分配。结果，该程序尝试在栈中分配 100 万个数组，每个数组 10 万个字节。当然，它不能成功执行此操作，并且在打印了一些行之后，它会终止，通常会显示一条错误消息，例如"段错误"或"栈溢出"。

最后打印的一行可能类似于 83 0。

第一个数字表示已执行多少级递归，即已分配多少个数组。如果打印的数字是 83，则表示在超过可用空间之前，已成功在栈中分配了 830 多万字节。

第二个数字是数组的第一项，用于防止可能的编译器优化。实际上，如果从未读取过变量 a，则编译器在发出警告后可以将其完全删除，因为这样的删除将提高程序的性能，而不会更改其行为（崩溃之前）。

11.1.4 堆分配

当有很多可用内存时，有一个程序因栈溢出而崩溃是很遗憾的。但是堆分配可以解决此问题：

```rust
const SIZE: usize = 100_000;
const N_ARRAY: usize = 1_000_000;
fn create_array() -> Box<[u8; SIZE]> { Box::new([0u8; SIZE]) }
fn recursive_func(n: usize) {
    let a = create_array();
    println!("{} {}", N_ARRAY - n + 1, a[0]);
    if n > 1 { recursive_func(n - 1) }
}
recursive_func(N_ARRAY);
```

即使最终此程序由于栈溢出或内存不足而崩溃，但它只有在比前一个程序打印了更多的行之后才崩溃，这意味着它已经成功分配了更多的内存。

在此程序中，相对于先前的程序，仅修改了第三行。现在，create_array 函数不返回数组，而是返回类型 Box <[u8; SIZE]> 的值。

该类型是"装箱"的 SIZE 字节数组。

在 Rust 中，你可以将大多数对象装箱，而不仅仅是数组。Rust 标准库包含泛型结构类型 Box<T>。类型为 Box<T> 的对象是对另一个对象的引用，该对象的类型为 T，并且放置在内存中称为"堆"部分，它与静态区域和栈均不同。

create_array 函数的函数体为 Box::new([0u8; SIZE])。此表达式是对 Box 范围中声明的 new 函数的调用。该函数接收一个 SIZE 字节数组作为参数，数组中的元素全部等于零。Box::new 函数的行为和目的是在堆中分配一个对象，该对象必须足够大以包含接收到的参数的副本，将接收到的参数的值复制到这种新分配的对象中，并返回这样的对象的地址。

因此，变量 a 占用的栈空间就是一个指针的栈空间。实际的数组在堆中分配。实际上 Box::new 函数会在栈中临时分配该数组，但返回时会立即将其释放。因此，只要栈可以包含该数组的一个实例（该实例占用 10 万个字节）就足够了。

堆管理

让我们看看如何管理堆内存。

程序启动时，其堆实际上是空的（或很小）。

在任何时候，堆的每个字节可能处于两种可能的状态："保留"（即"已使用"）或"空闲"（即"未使用"）。

当程序需要在堆中分配对象时，它首先搜索堆中是否包含一些空闲字节序列，这些序列至少与要分配的对象大小一样长。如果存在这样的字节序列，则程序会从中保留一个与对象大小一样长的子序列。相反，如果堆包含的序列不够长，则会向操作系统发出请求以扩大堆的大小，以便可以分配对象。

当不再需要在堆中分配的对象时，可以将其显式释放，将其使用的内存空间恢复到空闲状态。

注意，通常进程的堆大小永远不会缩小。

堆管理的一个严重问题是它可能变得碎片化。如果在堆中分配了 100 万个 f64 对象，则该堆必须至少达到 8 MB。如果从该堆中释放了每个奇数位置的对象，则在释放之后，该堆将包含 50 万个可用空间，总共 4 MB，与 50 万个保留空间交错。有很多可用空间，但是如果你需要分配一个大于等于 9 个字节的对象，则没有足够的空间供其使用，因此需要扩大该堆。

此外，在堆中搜索足够大空间的简单算法可能会非常昂贵。有一些更智能的搜索算法可以提高堆分配的性能，但是它们会使堆的回收成本更高。

因此，在时间和空间上，栈分配始终比堆分配更有效。仅当堆的行为类似于栈时（即仅当最后分配的对象被释放时），堆分配才与栈分配几乎一样有效。当然，通常应用程序需求不允许这种分配模式。

Box 的行为

如前所述，对于任何 Box<T> 类型的变量，只要调用包含该变量的函数，就会在栈中分配一个指针。而仅在调用 Box::new 函数时才发生堆分配。因此，Box<T> 的分配分两个步骤进行：首先是指针，然后是被引用的对象。

同样，回收也分两个步骤进行。仅当包含变量的函数终止时，才发生从指针栈的释放，但从堆释放对象在此之前甚至可能更早的时候就能发生。

```rust
fn f(p: &f64) {
    let a = Box::new(*p);
    {
        let b = Box::new([1, 2, 3]);
        print!("{} {:?}", *a, *b);
    }
    let c = Box::new(true);
    print!(" {} {}", a, c);
}
f(&3.4);
```

这将打印："3.4 [1, 2, 3] 3.4 true"。

调用函数 main 时，在栈上分配类型为 f64 的值 3.4，而不与任何变量关联。

调用函数 f 时，在栈中分配了四个指针，一个用于参数 p，一个用于三个变量 a、b 和 c。

当执行此函数的第一条语句时，在堆中分配一个 f64 对象，并使用表达式 *p 的值对其进行初始化，该值是 3.4。

当执行该函数的第二条语句时，在堆中分配并初始化一个由三个 i32 值组成的数组，并将其地址用于初始化 b 变量。第三条语句打印 a 和 b 引用的值。解引用运算符与用于简单引用的相同。c 变量无法在此处打印，因为它尚不可见。在此语句之后，b 的作用域立即结束，因此 b 引用的数组从堆中释放，释放了它使用的空间，使其可用于其他分配。

最后的动作很重要。当 b 退出其作用域时，它不再可用；并自动释放它所引用的堆对象。

当执行该函数的第四条语句时，将在堆中分配并初始化一个布尔对象，并使用其地址来初始化 c 变量。这样的布尔对象与堆中前一个数组的对象可能重叠，因为该数组使用的空间已释放。第五条语句打印 a 和 c 引用的值。同样对于箱（如简单引用），星号是可选的，可以省略。b 变量无法在此处打印，因为它不再可见。在此语句之后，a 和 c 的作用域立即结束，因此它们引用的对象从堆中释放。这也是函数执行的结束，因此四个指针也从栈中释放。

最后，main 函数结束，因此 3.4 未命名对象从栈中释放。

虽然是相当没有意义的，但是值得注意的是，如果在同一作用域中声明了多个变量，则它们以相反的声明顺序退出其作用域。在我们的示例中，a 在 c 之前声明，因此 a 在 c 之后退出其作用域。这导致 a 引用的对象在 c 引用的对象之后从堆中释放。考虑到它是一个栈，这是非常合理的，因此最上面的项始终是要删除的下一个项。

请注意，这里没有调用释放函数。实际上，Rust 语言及其标准库没有可调用的释放函数。这样可以避免忘记调用它们。

11.2 与 C 和 C++ 的相似性

即使在 C 和 C++ 中，也可以使用堆。在 C 语言中，malloc、calloc 和 realloc 函数可以在堆中分配缓冲区，而 free 函数则可以释放先前分配的缓冲区。另外，在 C++ 语言中，你拥有 new 和 new[] 运算符分别分配堆中的对象或对象数组，而 delete 和 delete[] 运算符分别释放由 new 或 new[] 运算符在堆上分配的对象。

实际上，Rust Box<T> 泛型类型与上述所有堆分配类型都有很大不同。但是自 2011 年以来，在标准 C++ 中，存在一种与 Box<T> 非常相似的类型：它是 unique_ptr<T> 类模板。它是所谓的 "智能指针"，与 Box<T> 一样，它在堆中分配一个对象，并在其退出其作用域时将其释放。

11.3 装箱与拆箱

因此，对于给定的 T 泛型类型，Box<T> 和 &T 都是引用的类型。让我们看看它们如何互动。

```
let a = 7;
let a_box: Box<i32>;
let mut a_ref: &i32 = &a;
print!("{} {};", a, *a_ref);
a_box = Box::new(a + 2);
a_ref = &*a_box;
print!(" {} {} {}", a, *a_ref, *a_box);
```

这将打印："7 7；7 9 9"。让我们分析一下。

栈将包含三个对象：数字 7，由 a 变量表示；两个指针，分别由 a_box 和 a_ref 变量表示。指针 a_box 在第二行声明，仅在第五行初始化，而其他变量在声明它们的相同语句中初始化。

两个指针变量都带有类型注释，但这种注释是可选的，可以删除，因为可以从其用法中推断出类型。但是，它们表明 a_box 是"智能"指针，而 a_ref 是"哑"指针，这意味着 a_box 负责分配和释放其引用对象，而 a_ref 则不负责其引用对象的分配或释放。

在两个 print 宏调用中，三个星号都是可选的，可以删除。

在第五和第六行中，为两个指针分配了一个值。但是对于 a_box 来说，它是一个初始化，因此该变量不必是可变的。相反，a_ref 已经初始化，因此，要重新分配它，必须使用 mut 子句进行声明。

第三行只是将 a_ref 变量值设置为 a 变量的地址。相反，第五行做的事情更复杂。它在堆中分配一个 i32 对象，使用表达式 a + 2 的值（即值 9）初始化该对象，然后将 a_box 变量值设置为该对象的地址。

在第六行中，将作为指针的 a_box 的值（不是 a_box 引用的值）复制到变量 a_ref 中，换句话说，使哑指针指向智能指针所指向的同一对象。这由最后的 print 语句确认。但是，此赋值不能简单地是 a_ref = a_box；因为这两个变量具有不同的类型，而且语句 a_ref = a_box as &i32；也是非法的。相反，使用 * 取消引用，然后使用 & 进行引用的技巧可以将 Box 转换为引用，或者更好的说，它使我们能够获取 Box 引用的对象的地址。

请注意，反向操作将是非法的：a_box = &*a_ref；。实际上，表达式 &*a_ref 仍为 &i32 类型，因此无法将其赋给 Box<i32> 类型的变量。

最后，在程序结束时，第一个 a_ref 退出其作用域，什么也不做；然后 a_box 退出其作用域，从堆中释放其引用的对象；然后 a 退出其作用域，什么也不做；最后，这三个对象都从栈中释放。

这个程序是类似的：

```
let a = 7;
let mut a_box: Box<i32>;
let a_ref: &i32 = &a;
print!("{} {};", a, a_ref);
a_box = Box::new(a + 2);
print!(" {} {} {};", a, a_ref, a_box);
a_box = Box::new(*a_ref);
print!(" {} {} {}", a, a_ref, a_box);
```

它将打印 7 7；7 7 9；7 7 7。

这里 a_box 是可变的，而 a_ref 是不可变的。

倒数第二条语句行重新分配了箱。从概念上讲，这将导致堆回收，然后分配相同类型但值不同的新对象。

11.4　寄存器分配

在汇编语言中，有时也在 C 语言中，使用了"处理器寄存器分配"的概念。在 Rust 语言中，没有此概念，因为这种概念将代码限制为特定的目标硬件体系结构。但是，代码优化器可以将栈分配对象的位置移动到处理器寄存器中，只要程序产生的行为是等效的即可。因此，在源代码级别看来是栈分配的对象，而在机器代码级别则可能最终成为寄存器分配的对象。当然，这取决于目标体系结构，因为目标处理器拥有的寄存器越多，可以分配的寄存器变量就越多。

通常，寄存器分配与程序员无关。但是，如果使用源代码级调试器检查高度优化的程序的内存内容，则会发现寄存器分配的变量已消失。因此，在调试时，除非你要直接调试机器代码，否则应指示编译器生成未优化的可执行代码。

Chapter 12 第 12 章

数据实现

在本章中，你将学习：

❑ 如何知道各种类型的对象占用了多少字节的栈

❑ 如何缩短访问外部模块中声明的函数的路径

❑ 位如何存储在基本类型对象中

❑ 如何知道对象在内存中的存储位置

❑ 为什么填充会增加某些对象占用的大小

❑ 如何实现向量

12.1 探索对象的大小

给定一个源文件，Rust 编译器可以自由地生成任何机器代码，只要它以 Rust 语言指定的方式运行即可。

因此，例如，在给定变量的情况下，其使用多少个存储位以及它在内存中的位置是未定义的。编译器甚至可以从内存中删除该变量，因为它从未使用过，或者因为它保存在处理器寄存器中。

但是，查看 Rust 程序使用的数据排列的可能的典型实现很有启发性。

为此，可以使用一些 Rust 功能：

```
print!("{} ", std::mem::size_of::<i32>());
print!("{} ", std::mem::size_of_val(&12));
```

这将打印："4 4"。

在第一条语句中，编译器进入标准库模块 std（"standard"的简写），然后进入其子模块 mem（"memory"的简写），然后采用其泛型函数 size_of。

编译器使用 i32 类型具体化这样的泛型函数，然后在不传递任何参数的情况下生成这样的结果具体函数的调用。这样的函数将返回指定类型的任何对象占用的字节数（准确地说是"八位字节"）。通常，此类函数调用将内联，因此生成的代码只是一个常数。实际上，一个 32 位数字占用了 4 个字节。

请注意，即使程序中没有指定类型的对象，也可以调用此函数。

在第二条语句中，编译器进入相同的库模块，但是它访问泛型函数 size_of_val（意思是"值的大小"）。在这种情况下，具体化泛型函数所需的参数类型是从参数中推断出来的，因此不需要显式指定它。相反，在第一个语句中没有参数，因此需要类型参数。

调用具体化函数 size_of_val 时，对对象的不可变引用将传递给它。该函数返回此类对象的大小（以字节为单位）。

12.1.1　use 指令

如果必须多次指定到达库函数的路径，则使用 use 指令将所有或部分此类路径"导入"到当前作用域中会很方便。

可以使用以下方式重写前面的示例：

```
use std::mem;
print!("{} ", mem::size_of::<i32>());
print!("{} ", mem::size_of_val(&12));
```

或在此：

```
use std::mem::size_of;
use std::mem::size_of_val;
print!("{} ", size_of::<i32>());
print!("{} ", size_of_val(&12));
```

Rust 的 use 关键字类似于 C++ 的 using 关键字。

它有一个更紧凑的形式：

```
use std::mem::*;
print!("{} ", size_of::<i32>());
print!("{} ", size_of_val(&12));
```

星号是通配符，它导致导入该级别的所有名称。

12.1.2   基本类型的大小

现在，你应该想象一下具有基本类型的对象的大小：

```
use std::mem::*;
print!("{} {} {} {} {} {} {} {} {} {} {} {}",
    size_of::<i8>(),
    size_of::<u8>(),
    size_of::<i16>(),
    size_of::<u16>(),
    size_of::<i32>(),
    size_of::<u32>(),
    size_of::<i64>(),
    size_of::<u64>(),
    size_of::<f32>(),
    size_of::<f64>(),
    size_of::<bool>(),
    size_of::<char>());
```

在任何计算机上，这将打印 1 1 2 2 4 4 8 8 4 8 1 4。

其他一些数据类型的大小取决于编译器的目标平台：

```
use std::mem::*;
print!("{} {} {} {}",
    size_of::<isize>(),
    size_of::<usize>(),
    size_of::<&i8>(),
    size_of::<&u32>());
```

在 64 位系统中，它将打印：8 8 8 8，而在 32 位系统中，它将打印：4 4 4 4。

最后两个打印值是引用。独立于引用对象，引用（也称为"指针"）具有内存地址的大小。

12.2   基本类型的表示

Rust 不鼓励访问对象的内部表示，因此不容易做到；但是有一个技巧可以做这样的事。

```
fn as_bytes<T>(o: &T) -> &[u8] {
    unsafe {
        std::slice::from_raw_parts(
            o as *const _ as *const u8,
            std::mem::size_of::<T>())
    }
}
```

```
println!("{:?}", as_bytes(&1i8));
println!("{:?}", as_bytes(&2i16));
println!("{:?}", as_bytes(&3i32));
println!("{:?}", as_bytes(&(4i64 + 5 * 256 + 6 * 256 * 256)));
println!("{:?}", as_bytes(&'A'));
println!("{:?}", as_bytes(&true));
println!("{:?}", as_bytes(&&1i8));
```

在 x86_64 系统中，这个程序可能会打印：

```
[1]
[2, 0]
[3, 0, 0, 0]
[4, 5, 6, 0, 0, 0, 0, 0]
[65, 0, 0, 0]
[1]
[129, 165, 54, 102, 23, 86, 0, 0]
```

泛型函数 as_bytes 使用了一些我们尚未见过的 Rust 构造，这里不再赘述，因为不需要了解它们的知识即可理解它做的事。它只是引用了任何类型的参数，并返回一个对象，该对象表示该对象中包含的字节序列。通过打印这样的对象，可以看到任何对象的表示形式，即它在内存中存储的字节序列。

首先，将具有值 1 的 i8 存储在单个字节中。这在任何受支持的硬件架构中都是一样的。

然后，将具有值 2 的 i16 存储为一对字节，其中第一个字节为 2，第二个字节为 0。这在 32 位和 64 位处理器上均会发生，但仅在所谓的"小端"硬件体系结构，即存储多字节数字时，将最低有效字节放在最低地址的硬件体系结构才会这样做。相反，"大端"硬件体系结构将打印出 [0,2]。

以下打印行中将出现类似的行为。

请注意，char 存储为包含该字符的 Unicode 值的 32 位数字，而 bool 存储为单个字节，对于 true 为 1，对于 false 为 0。

最后，最后一条语句打印 i8 数字的地址。对于 64 位处理器，这样的地址占用八个字节，并且每次运行都有不同的值。

12.3 字节在内存中的位置

你还可以发现任何对象的（虚拟）内存位置，也就是它的地址：

```
let b1 = true;
let b2 = true;
```

```
let b3 = false;
print!("{} {} {}",
    &b1 as *const bool as usize,
    &b2 as *const bool as usize,
    &b3 as *const bool as usize);
```

在 64 位系统中，这将打印三个巨大的数字，类似于 140727116566237 14072
7116566238 140727116566239。相反，在 32 位系统中，它将打印三个小于 50 亿的数字。

同样，这里将不解释获得此类数字的构造。

这是上面三个对象的位置的表示形式：

绝对地址	二进制值	变量名	类型
140727116566237	0000_0000	b3	布尔
140727116566238	0000_0001	b2	布尔
140727116566239	0000_0001	b1	布尔

三个对象中的每个对象仅占用一个字节。第一个打印的数字是 b1 变量的地址；第二个是 b2 变量的地址；第三个是 b3 变量的地址。看起来，这三个数字是连续的，这意味着这三个对象被分配在连续的虚拟内存位置中。

你还应该注意，这三个数字是递减的顺序。这意味着在分配对象时，它们位于越来越低的地址中。这些对象是栈分配的，因此我们看到栈向下增长。

第一个数字包含 true 的布尔值，该布尔值由 1 个字节表示，该字节又由具有零值的七个位和具有 1 值的一位组成。第二个对象也包含 true 值。相反，第三个对象包含 false 值，该 false 值由具有零值的八位表示。

当分配单个字节时，Rust 编译器通常按顺序连续地排列它们，但是当分配较大的对象时，它们在内存中的位置不容易预测。

几乎所有现代处理器都要求基本数据具有特定的内存位置，因此 Rust 会放置其对象，以便处理器可以轻松访问它们。

典型的对齐规则是："每个基本类型的对象都必须具有其自身大小的倍数的地址"。

因此，虽然仅占用一个字节的对象可以放置在任何地方，但是占用两个字节的对象只能放置在偶数地址处，占用四个字节的对象只能放置在可被 4 整除的地址上，而占用八个字节的对象只能放置在 8 的倍数的地址上。

此外，较大对象的地址通常是 16 的倍数。因此，这种对齐要求会产生未使用的空间，即所谓的"填充"。

12.4 复合数据类型的大小

当存在一系列复合对象时，就会出现填充效果：

```
enum E1 { E1a, E1b };
enum E2 { E2a, E2b(f64) };
use std::mem::*;
print!("{} {} {} {} {} {}",
    size_of_val(&[0i16; 80]),
    size_of_val(&(0i16, 0i64)),
    size_of_val(&[(0i16, 0i64); 100]),
    size_of_val(&E1::E1a),
    size_of_val(&E2::E2a),
    size_of_val(&vec![(0i16, 0i64); 100]));
```

这将打印："160 16 1600 1 16 24"。这意味着：

❑ 一个由 80 个 16 位数字组成的数组占用 160 个字节，即 80 * 2，因此没有浪费；

❑ 一个 16 位数字和一个 64 位数字的元组占用 16 个字节，就像两个数字都占用 8 个字节一样，因此添加了 6 个字节的填充。

❑ 一个由 100 个 16 字节元组组成的数组占用 1600 个字节，因此数组项之间没有填充，但是每个项中的填充都乘上了数组的长度；

❑ 具有所有变量而没有数据字段的枚举始终仅占用一个字节；

❑ 一个最大变量包含 8 字节数的枚举，即使当前值没有数据也占用 16 个字节，因为有 7 个字节的填充；

❑ 一个由 100 个 16 字节元组组成的向量看起来似乎只占用 24 个字节，但是当然此度量缺少了一些内容。

让我们看一下向量的情况。

放置在栈中的数据必须具有编译时已知的大小，因此数组可以在栈中完全分配，而对于向量，只能在栈中放置固定大小的标头，而其余数据必须在堆中分配。

12.5 向量分配

我们已经看到向量必须实现为两个对象的结构：栈分配的固定大小的标头和堆分配的可变长度的缓冲区。

理论上，有几种可能的方法可以实现向量数据结构。

一种方法是在标头中仅保留一个指向缓冲区的指针。

这样做的缺点是，每当需要数组的长度时，就需要一个间接级别。数组的长度经常会需要（隐式或显式），因此最好将这些信息保留在标头中。

一种简单的实现缓冲区的方法是将其大小调整到足以保存所需数据的大小。例如，如果请求 9 个 i32 项的向量，则会在堆中分配 9 * 4 字节的缓冲区。

只要这个向量不增长，这样就很好。但是，如果将另一个项推入此类向量中，则必须重新分配缓冲区，而且堆分配和释放的成本都很高。另外，必须将旧缓冲区的内容复制到新缓冲区中。

如果通过创建一个空向量并调用 1000 次 push 函数一次一个项地构造一个 1000 个项的向量，则将有 1000 次堆分配，999 次堆释放，以及 1000 * 999/2 == 499_500 个项副本。

为了改善这种糟糕的性能，可以分配更大的缓冲区，以便仅在缓冲区不足时才执行重新分配。

因此，既需要跟踪分配的缓冲区中的位置数，也要跟踪此类缓冲区中已使用的位置数。

分配的缓冲区中的位置数通常称为"容量"（capacity），这也是用于访问该数字的函数的名称。

```
let mut v = vec![0; 0];
println!("{} {}", v.len(), v.capacity());
v.push(11);
println!("{} {}", v.len(), v.capacity());
v.push(22);
println!("{} {}", v.len(), v.capacity());
v.push(33);
println!("{} {}", v.len(), v.capacity());
v.push(44);
println!("{} {}", v.len(), v.capacity());
v.push(55);
println!("{} {}", v.len(), v.capacity());
```

这将打印：

```
0 0
1 4
2 4
3 4
4 4
5 8
```

创建空向量时，它包含零项，并且甚至没有分配堆缓冲区，因此其容量也为零。

添加第一个项时，向量对象在堆中分配了一个缓冲区，该缓冲区能够包含四个 32 位数字（即 16 字节的缓冲区），因此其容量为 4，但实际上仅包含一个项，因此它的长度是 1。

将其他三个项添加到向量中时，无须分配内存，因为预分配的缓冲区足够大以包含它们。

但是，当第五项添加到向量时，必须分配更大的缓冲区。新缓冲区可容纳 8 个项。

因此，vec 对象将三个子对象存储在栈中：分别是指向堆分配的缓冲区的指针，该指针是内存地址；该缓冲区的容量（以项数表示）是 usize 数字；向量的长度（以项数表示），它是小于或等于容量的 usize 数字。

因此，任何向量的标头在任何 64 位系统中都占用 3 * 8 == 24 个字节，在任何 32 位系统中都占用 3 * 4 == 12 个字节。

让我们看看如果将一千个项添加到 32 位数字的向量中会发生什么。

```
let mut v = vec![0; 0];
let mut prev_capacity = std::usize::MAX;
for i in 0..1_000 {
    let cap = v.capacity();
    if cap != prev_capacity {
        println!("{} {} {}", i, v.len(), cap);
        prev_capacity = cap;
    }
    v.push(1);
}
```

这（可能）将打印：

```
0 0 0
1 1 4
5 5 8
9 9 16
17 17 32
33 33 64
65 65 128
129 129 256
257 257 512
513 513 1024
```

它将为任何类型的项的向量打印相同的内容。

变量 cap 存储向量的当前容量；变量 prev_capacity 存储向量的先前容量，并将其初始化为巨大的值。

在每次迭代中，在将项添加到向量之前，都要检查其容量是否已更改。每次更改容量时，都会打印插入的项数和当前容量。

看起来容量始终是 2 的幂，并且仅跳过了值 2 传递了 2 的所有幂。这样，只有 9 次分配，8 次释放和 4 + 8 + 16 + 32 + 64 + 128 + 256 + 512 == 1020 个副本，因此实际算法比本节开头所述的简单版本高效得多。

定 义 闭 包

在本章中,你将学习:

❏ 为什么需要匿名内联函数,对参数和返回值类型进行类型推断,而无须编写大括号,并且可以访问存在于函数定义处的活动变量

❏ 如何声明和调用此类轻量函数(称为"闭包(closure)")

13.1 对"一次性"函数的需求

Rust 以升序对数组进行排序的方法是:

```
let mut arr = [4, 8, 1, 10, 0, 45, 12, 7];
arr.sort();
print!("{:?}", arr);
```

这将打印: "[0, 1, 4, 7, 8, 10, 12, 45]";

但是,如果想按降序或使用其他标准对它进行排序,则没有预包装的函数。必须调用 sort_by 函数,并将对比较函数的引用传递给该函数。该函数接收两个项,并返回它们中哪项必须在另一项之前的指示:

```
let mut arr = [4, 8, 1, 10, 0, 45, 12, 7];
use std::cmp::Ordering;
fn desc(a: &i32, b: &i32) -> Ordering {
    if a < b { Ordering::Greater }
```

```
    else if a > b { Ordering::Less }
    else { Ordering::Equal }
}
arr.sort_by(desc);
print!("{:?}", arr);
```

这将打印："[45, 12, 10, 8, 7, 4, 1, 0]"。

desc 函数以下列方式返回其类型由标准库定义的一个值：

```
enum Ordering { Less, Equal, Greater }
```

这可行，但是有几个缺点。

首先，在以下语句中，仅在一处中定义了 desc 函数。通常，并不是将一个函数创建为仅在一处使用。而是在需要的地方扩展函数体。但是，库函数 sort_by 需要一个函数。这里需要一个内联匿名函数，它是在使用它的同一地方声明的函数。

此外，尽管类型说明对于变量声明是可选的，但对于函数声明的参数和返回值则是必需的。这些规范，例如函数名称，在从遥远的语句调用，也可能由其他程序员调用时是方便的。但是，当必须编写要在声明的地方调用的函数时，此类类型说明通常很烦人。因此，使用其参数和返回值的类型推断来声明和调用内联匿名函数将是一项便捷的功能。

另一个缺点是需要将函数体用大括号括起来。通常，函数会包含多个语句，因此将这些语句括在括号中一点也不麻烦。相反，匿名函数通常只包括单个表达式，这样便可以方便地编写而不必将其用大括号括起来。鉴于一个块仍然是一个表达式，因此最好有一个内联匿名函数，它带有类型推断和一个单独的表达式作为函数体。

13.2　捕获环境

我们在本章中到目前为止所说的所有内容也适用于许多其他语言，包括 C。但是 Rust 函数还有一个额外的特别限制：它们无法访问在其外部声明的任何变量。你可以访问静态项，也可以访问常量，但不能访问栈分配的（即"let 声明的"）变量。例如，此程序是非法的：

```
let two = 2.;
fn print_double(x: f64) {
    print!("{}", x * two);
}
print_double(17.2);
```

它的编译会产生错误：can't capture dynamic environment in an fn item（无法

捕获 fn 条目中的动态环境）。"动态环境"是指在调用函数时恰好有效的变量集。从某种意义上说，它是"动态的"，因为给定的函数可能会在多个语句中调用，而在其中一个语句中有效的变量可能在另一语句中无效。"捕获环境"意味着能够访问这些变量。

相反，这是合法的：

```
const TWO: f64 = 2.;
fn print_double(x: f64) {
    print!("{}", x * TWO);
}
print_double(17.2);
```

这也是合法的：

```
static TWO: f64 = 2.;
fn print_double(x: f64) {
    print!("{}", x * TWO);
}
print_double(17.2);
```

这样的限制有一个很好的理由：外部变量有效地进入函数的编程接口，但是它们从函数签名中看不出来，因此对于理解代码有误导作用。

但是，当一个函数只能在已定义的地方调用时，访问外部变量的事实并不会使它难以理解，因为声明语句已经可以使用这些外部变量。

因此，我们的功能需求如下：具有类型推断的内联匿名函数；作为函数体的单一表达式；以及捕获任何有效变量。

13.3 闭包

由于它的巨大用处，Rust 中具有这样的功能，称为"闭包"。

闭包只是一种更方便的函数，它适合于定义小型匿名函数，并在定义它们的地方调用它们。

实际上，你还可以定义闭包，将其赋给变量，从而为其命名，然后在以后使用其名称调用它。但是，这不是闭包最典型的用法。甚至还可以指定闭包的类型。这是上面的降序排序示例，使用闭包而不是 desc 函数执行：

```
let mut arr = [4, 8, 1, 10, 0, 45, 12, 7];
use std::cmp::Ordering;
let desc = |a: &i32, b: &i32| -> Ordering {
    if a < b { Ordering::Greater }
```

```
    else if a > b { Ordering::Less }
    else { Ordering::Equal }
};
arr.sort_by(desc);
print!("{:?}", arr);
```

这与前面的示例唯一的区别是：

❑ 使用 let 关键字代替了 fn。

❑ 在闭包名称之后添加了 = 符号。

❑ 包含函数参数的（和）符号已由 |（管道）符号代替。

❑ 在闭包声明之后添加了分号。

到目前为止，还没有任何优点，但是我们说过，可以在必须使用闭包的位置定义闭包，并且类型和大括号是可选的。因此，我们可以将之前的代码转换为以下代码：

```
let mut arr = [4, 8, 1, 10, 0, 45, 12, 7];
use std::cmp::Ordering;
arr.sort_by(|a, b|
    if a < b { Ordering::Greater }
    else if a > b { Ordering::Less }
    else { Ordering::Equal });
print!("{:?}", arr);
```

这已经是一个很好的简化。但是还能更进一步。

标准库已经包含 cmp 函数（"compare" 的缩写）；该函数根据其两个参数中的较大者返回 Ordering 值。以下两个语句是等效的：

```
arr.sort();
arr.sort_by(|a, b| a.cmp(b));
```

因此，要获取倒序，可以无差别地使用以下每个语句：

```
arr.sort_by(|a, b| (&-*a).cmp(&-*b));
arr.sort_by(|a, b| b.cmp(a));
```

这是一个完整的示例：

```
let mut arr = [4, 8, 1, 10, 0, 45, 12, 7];
arr.sort_by(|a, b| b.cmp(a));
print!("{:?}", arr);
```

另外，已删除了 use 指令，因为不再需要它。

13.4 其他例子

这是另一个示例，显示了调用闭包的六种方法：

```
let factor = 2;
let multiply = |a| a * factor;
print!("{}", multiply(13));
let multiply_ref: &(Fn(i32) -> i32) = &multiply;
print!(
    " {} {} {} {} {}",
    (*multiply_ref)(13),
    multiply_ref(13),
    (|a| a * factor)(13),
    (|a: i32| a * factor)(13),
    |a| -> i32 { a * factor }(13));
```

这将打印："26 26 26 26 26 26"。

该程序包含六个相同的闭包调用。它们每个都接受一个名为 a 的 i32 参数。将其乘以捕获的变量 factor，其值为 2；并返回乘法的结果。参数始终为 13，因此结果始终为 26。

在第二行中，使用参数 a 和返回值的类型推断来声明第一个闭包。闭包的包体访问由前一条语句声明的外部变量 factor，因此将此类变量及其当前值捕获到闭包内部。然后使用闭包来初始化变量 multiply，并推断其类型。

在第三行中，就像任何函数一样，调用闭包赋值给 multiply 变量。

在第四行中，刚声明的闭包地址用于初始化 multiple_ref 变量。也可以推断出此变量的类型，但它已显示指定。Fn 用于指定函数的类型。每个函数的类型都由其参数类型和返回值确定。表达式 Fn(i32) -> i32 表示"以 i32 作为参数并返回 i32 的函数类型"。这样的类型表达式前面带有 & 符号，因为我们拥有的是"对函数的引用"，而不是"函数"。

在第七行中，对函数的引用执行取消引用操作，获得一个函数，然后调用该函数。

在第八行中，在不对引用执行取消引用操作的情况下调用该函数，因为这种取消引用操作对于函数调用是隐式的。

在最后三个语句中，声明并调用了三个匿名闭包。第一个闭包同时推断参数的类型和返回值的类型。第二个闭包指定参数的类型并推断返回值的类型；第三个闭包推断参数的类型并指定返回值的类型。

请注意，参数 13 传递到始终用括号括起来的闭包。为了避免使此类表达式 (13) 与指定闭包的前一个表达式混淆，在某些情况下，此类闭包表达式也必须括在括号中。在最后一种情况下，必须将闭包的包体括在括号中，以将其与返回值类型规范分开。

当闭包包含多个语句时，也需要使用大括号，例如：

```
print!(
    "{}",
    (|v: &Vec<i32>| {
        let mut sum = 0;
        for i in 0..v.len() {
            sum += v[i];
        }
        sum
    })(&vec![11, 22, 34]));
```

这将打印 "67"，它是向量中包含的数字的总和。

在本例中，需要指定参数的类型，否则编译器将无法推断出该参数，并且它会针对表达式 v.len() 发出错误消息 "the type of this value must be known in this context"（在此上下文中必须知道该值的类型）。

使用可变字符串

在本章中，你将学习：

❑ 如何实现静态字符串

❑ 如何实现动态字符串

❑ 如何在动态字符串中添加或删除字符

❑ 如何将静态字符串转换为动态字符串，以及反向转换

❑ 如何连接字符串

14.1 静态字符串

到目前为止，我们使用的字符串是否可变？

它们可能是可变的，因此在某种意义上，我们可以更改它们：

```
let mut a = "Hel";
print!("{}", a);
a = "lo";
print!("{}", a);
```

这将打印 "Hello"。但是我们在什么意义上改变了它？我们突然更改了字符串的所有内容，而不仅仅是某些字符。实际上，到目前为止，我们仅通过为字符串变量赋予字面量字符串或另一个字符串变量来更改字符串。

但是，如果我们想通过算法或从文件中读取，或者让用户输入来创建字符串，我们该怎么做？简而言之，使用到目前为止使用的字符串类型，我们无法做到这一点。实际上，尽管可以将这些字符串对象更改为引用其他字符串内容，但是它们具有不变的内容（content），即，不能覆盖某些字符或添加或删除字符。因此，它们称为静态（static）字符串。以下示例有助于阐明这一点：

```
use std::mem::*;
let a: &str = "";
let b: &str = "0123456789";
let c: &str = "abcdè";
print!("{} {} {}",
    size_of_val(a),
    size_of_val(b),
    size_of_val(c));
```

该程序将打印 0 10 6。

首先，请注意，我们指定了三个变量的类型。这种类型是 &str，即"对 str 的引用"。

在标准库中，将 str 定义为表示 UTF-8 字符串的不可修改字节数组的类型。每次编译器解析字面量字符串时，它都将字符串的字符存储在静态程序区域中，并且该区域属于 str 类型。然后，编译器使用对该区域的引用作为该字面量字符串表达式的值，因此任何字面量字符串均为 &str 类型。

在该示例中，对三个字符串变量调用了 size_of_val 泛型函数。请记住，此类函数返回其参数引用的对象的大小。如果参数是 a，即 &str 类型，则此函数返回 a 引用的字符串，即 str 类型的缓冲区大小。

因此，将打印由变量 a、b 和 c 引用的三个缓冲区的大小。这些大小分别是 0、10 和 6 个字节。实际上，第一个字符串为空，第二个字符串恰好包含十个数字；相反，第三个字符串仅包含五个字符，但是长度打印为数字 6。这是因为 UTF-8 表示法。在这种表示法中，每个字符都由一个或多个字节表示，具体取决于字符。ASCII 字符由一个字节表示，而"重音 e"字符即 è 由两个字节表示。因此，五个字符的整个字符串由六个字节表示。

请注意，由 a、b 和 c 变量引用的缓冲区具有相同的类型，即 str，但是它们具有不同的长度：0、10 和 6。因此，在这里，我们第一次看到一种类型没有对应的长度。

这种类型不是很常见，但是有一些限制。一是不能声明这种类型的变量或函数参数。另一个明显的限制是不能查询此类类型的大小。

```
let a: str;
fn f(a: str) {}
print!("{}", std::mem::size_of::<str>());
```

前面的三个语句都是非法的。

但是，先前的程序如何获得缓冲区的大小呢？在 C 语言中，用字符串结束符来标记字符串的结尾，但是 Rust 没有字符串结束符。

实际上，`&str` 类型不是仅包含一个指针的普通 Rust 引用，而是包含一对指针和一个长度组成的一对。指针值是字符串缓冲区的起始地址，而长度值是字符串缓冲区的字节数。

让我们更深入地探讨这种奇特的类型。

```rust
use std::mem::*;
let a: &str = "";
let b: &str = "0123456789";
let c: &str = "abcdè";
print!("{} {} {}; ",
    size_of_val(&a),
    size_of_val(&b),
    size_of_val(&c));
print!("{} {} {}",
    size_of_val(&&a),
    size_of_val(&&b),
    size_of_val(&&c));
```

在 64 位系统中，此程序将打印 `"16 16 16; 8 8 8"`，而在 32 位系统中，将打印 `"8 8 8; 4 4 4"`。

第一个 print 语句打印变量本身的大小，其类型为 `&str`。由于此类变量包含指针对象和 `usize` 对象，因此其大小是普通引用大小的两倍。所以，当我们在静态字符串上调用 len 函数时，只需读取该对的第二个字段即可。

第二条 print 语句打印对变量本身引用的大小，该引用的类型为 `&& str`。它们是正常引用。

14.2   动态字符串

因此，如果我们想在运行时创建或更改字符串的内容，到目前为止一直使用的 `&str` 类型是不合适的。

但是 Rust 还提供了另一种字符串，即动态字符串，其内容可以更改：

```rust
let mut a: String = "He".to_string();
a.push('l');
a.push('l');
a.push('o');
print!("{}", a);
```

这将打印 `"Hello"`。

a 变量的类型为 String，这是 Rust 用于动态字符串的类型。

在 Rust 中，没有字面量动态字符串。字面量字符串始终是静态的。但是可以通过多种方式从静态字符串构造动态字符串。一种是在静态字符串上调用 to_string 函数。该函数的名称视为 to_dynamic_string 或 to_String。但是第一种选择可能太长了，第二个将违反在函数名称中永远不使用大写字母的约定。

可以像打印任何静态字符串一样打印动态字符串，如示例的最后一条语句所示。但是它具有静态字符串无法完成的功能：增长。

第二、第三和第四条语句都在字符串的末尾添加一个字符。

也可以在动态字符串内的其他位置添加字符，或删除任何字符。

```rust
let mut a: String = "Xy".to_string(); // "Xy"
a.remove(0); // "y"
a.insert(0, 'H'); // "Hy"
a.pop(); // "H"
a.push('i'); // "Hi"
print!("{}", a);
```

这将打印 "Hi"。

a 变量初始化为包含 "Xy"。然后删除位置 0 处的字符，并保留 "y"。然后在位置 0 插入 "H"，获得 "Hy"。然后把最后一个字符从末尾弹出，保留 "H"。然后在末尾推 "i"，获得最终的 "Hi"。

14.3　字符串的实现

尽管 Rust 静态字符串在某种程度上类似于 C 语言字符串，但带有一个额外的计数器，而 Rust 动态字符串与 C++ std::string 对象非常相似。 Rust 和 C++ 动态字符串类型之间的主要区别在于，尽管任何 C++ 字符串都包含字符数组，但是任何 Rust 动态字符串（如任何 Rust 静态字符串）都包含表示 UTF-8 字符串的字节数组；它不包含字符数组。

但在 Rust 语言中，还有其他相似之处。虽然静态字符串缓冲区类似于数组，但是 str 类型类似于泛型 [u8; N] 类型，动态字符串类似于字节向量，即 String 类型类似于 Vec<u8> 类型。

实际上，我们在上面看到的函数——push、pop、insert 和 remove，以及 len 函数具有与 Vector 泛型类型的相应函数相同的名称。

另外，动态字符串和向量都具有相同的实现。两者都是由三个字段组成的结构：

❑ 包含数据项的堆分配缓冲区的开始地址；

❑ 分配的缓冲区中可能包含的项数；

❑ 分配的缓冲区中当前使用的项数。

但是请注意，对于字符串，此类"项"是字节，而不是字符：

```
let mut s1 = "".to_string();
s1.push('e');
let mut s2 = "".to_string();
s2.push('è');
let mut s3 = "".to_string();
s3.push('€');
print!("{} {}; ", s1.capacity(), s1.len());
print!("{} {}; ", s2.capacity(), s2.len());
print!("{} {}", s3.capacity(), s3.len());
```

这可能会打印："4 1; 2 2; 3 3"。这意味着 ASCII 字符 e 在四字节缓冲区中仅占一个字节，带重音的字符 è 在两字节缓冲区中占两个字节，货币符号 € 在三字节缓冲区中占三个字节。占用的字节数取决于 UTF-8 标准，而缓冲区的大小取决于 Rust 标准库的实现，并且在将来的版本中可能会更改。

让我们看看将几个字符逐个地添加到动态字符串中会发生什么情况：

```
let mut s = "".to_string();
for _ in 0..10 {
    println!("{:?} {} {}",
        s.as_ptr(), s.capacity(), s.len());
    s.push('a');
}
println!("{:?} {} {}: {}",
    s.as_ptr(), s.capacity(), s.len(), s);
```

在 64 位系统中，这可能会打印：

```
0x1 0 0
0x7fbf95e20020 4 1
0x7fbf95e20020 4 2
0x7fbf95e20020 4 3
0x7fbf95e20020 4 4
0x7fbf95e20020 8 5
0x7fbf95e20020 8 6
0x7fbf95e20020 8 7
0x7fbf95e20020 8 8
0x7fbf95e2a000 16 9
0x7fbf95e2a000 16 10: aaaaaaaaaa
```

as_ptr 函数（读作"作为指针"）返回包含字符串字符的堆分配缓冲区的地址。

请注意，当字符串为空时，该地址仅为 1，这是无效的内存地址，因为没有为刚创建为空的字符串分配缓冲区。

当添加一个 ASCII 字符时，在由十六进制数 `7fbf95e20020` 表示的地址上分配了一个 4 字节的缓冲区。

添加三个其他字符，因为缓冲区足够大，所以不需要重新分配。

当添加第五个字符时，需要重新分配，但是由于紧接缓冲区之后的内存仍然可用，因此缓冲区可以简单地扩展为 8 个字节，因此避免了分配新缓冲区，复制四个已使用字节，并释放前一个缓冲区的开销。

同样，添加其他 3 个字符不需要重新分配，但是当添加第 9 个字符时，不仅缓冲区将扩展为 16 个字节，而且还必须重新分配缓冲区，因为大概接下来 8 个字节中，不是每个字节都是空闲的。

最后，该字符串使用 10 个字节。

14.4　创建字符串

有几种创建空动态字符串的方法。

```
let s1 = String::new();
let s2 = String::from("");
let s3 = "".to_string();
let s4 = "".to_owned();
let s5 = format!("");
print!("({}{}{}{}{})", s1, s2, s3, s4, s5);
```

这将打印 `"()"`。

`String` 类型的 `new` 函数是基本构造函数，类似于 C++ 中的"默认构造函数"。

`String` 类型的 `from` 函数是转换器构造函数，类似于 C++ 中的"非默认构造函数"。

函数 `to_string` 和 `to_owned` 现在可以互换。两者都存在是因为历史上它们有些不同。

`format` 宏与 `print` 宏相同，唯一的区别是，后者将结果发送到控制台，前者返回包含结果的 `String` 对象。

除了 `new` 函数之外，先前所有创建动态字符串的方法都可以用于将非空静态字符串转换为动态字符串。

```
let s = "a,";
let s1 = String::from(s);
let s2 = s.to_string();
let s3 = s.to_owned();
```

```
//let s4 = format!(s);
//let s5 = format!("a,{}");
let s6 = format!("{}", s);
print!("({}{}{}{})", s1, s2, s3, s6);
```

这将打印 "(a,a,a,a,)"。

相反，第五和第六行中的语句将生成编译错误。实际上，format 宏（如 print 和 println 宏）要求它们的第一个参数是字面量，并且该字面量包含的占位符要与宏的后续参数一样多。

14.5 连接字符串

也可以通过将两个静态字符串、两个动态字符串或一个动态字符串和一个静态字符串连接在一起来获得一个动态字符串。

```
let ss1 = "He";
let ss2 = "llo ";
let ds1 = ss1.to_string();
let ds2 = ss2.to_string();
let ds3 = format!("{}{}", ss1, ss2);
print!("{}", ds3);
let ds3 = format!("{}{}", ss1, ds2);
print!("{}", ds3);
let ds3 = format!("{}{}", ds1, ss2);
print!("{}", ds3);
let ds3 = format!("{}{}", ds1, ds2);
print!("{}", ds3);
```

这将打印 Hello Hello Hello Hello。

通常，希望将一个字符串附加到另一个字符串，这另一个字符串当然必须是可变的。使用 format 宏可以做到这一点，但它冗长且效率低下：

```
let mut dyn_str = "Hello".to_string();
dyn_str = format!("{}{}", dyn_str, ", ");
dyn_str = format!("{}{}", dyn_str, "world");
dyn_str = format!("{}{}", dyn_str, "!");
print!("{}", dyn_str);
```

下面是一个更好的方法：

```
let mut dyn_str = "Hello".to_string();
dyn_str.push_str(", ");
dyn_str.push_str("world");
dyn_str.push_str("!");
print!("{}", dyn_str);
```

函数 push_str 接收静态字符串，并将其所有字符推入接收字符串的末尾。这两个程序都将打印 "Hello, world!"。

函数 push_str 还有个更紧凑的形式。

```
let mut dyn_str = "Hello".to_string();
dyn_str += ", ";
dyn_str += "world";
dyn_str += "!";
print!("{}", dyn_str);
```

+= 运算符应用于 String 对象时，等效于 push_str 函数。

也可以附加 String 对象或单个字符。

```
let comma = ", ".to_string();
let world = "world".to_string();
let excl_point = '!';
let mut dyn_str = "Hello".to_string();
dyn_str += &comma;
dyn_str.push_str(&world);
dyn_str.push(excl_point);
print!("{}", dyn_str);
```

该程序与以前的程序等效。注意，要把动态字符串作为 push_str 或 += 的参数传递，必须事先将其转换为静态字符串。使用 & 运算符可获得这种效果。实际上，通过这样的运算符，可以获得对 String 的引用，但是对 String 的任何引用都可以隐式转换为对 str 的引用。

```
let word = "bye".to_string();
let w1: &str = &word;
let w2: &String = &word;
print!("{} {}", w1, w2);
```

这将打印："bye bye"。

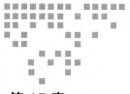

第 15 章

范围和切片

在本章中，你将学习：

❑ 如何使用封闭范围和开放范围

❑ 如何使用切片处理数组或向量的部分

15.1 范围

我们已经看到了一种编写 for 循环的方法：

```
for i in 0..12 { println!("{}", i); }
```

但是还有另一种可能的编写方式：

```
let dozen = 0..12;
for i in dozen { println!("{}", i); }
```

这表明 0..12 子句不是 for 语句语法的一部分，而是一个表达式，其值可以分配给变量。该值可用于 for 语句。这种值的类型称为"范围"(range)。

下面是更多使用范围的代码：

```
let range: std::ops::Range<usize> = 3..8;
println!("{:?}, {}, {}, {}",
    range, range.start, range.end, range.len());
for i in range { print!("{}, ", i); }
```

这将打印：

```
3..8, 3, 8, 5
3, 4, 5, 6, 7,
```

在第一行中，我们看到任何范围都是 Range<T> 泛型类型的具体化，其中 T 必须是能够表示该范围两端的整数类型。

第二条语句打印有关变量范围的一些值。首先，将变量本身打印出来以进行调试并得到 3..8；然后打印范围的 start 和 end 这两个字段的值，分别获得 3 和 8。这表明 Range 类型包含这两个字段。实际上，它不包含任何其他内容。

然后调用 len 函数，该函数仅对表达式 end-start 计算，因此它计算 8-3，并输出 5。

最后，此范围在 for 循环中用于从包含的开始到结束排除扫描值。请注意，迭代的值与调用 len 返回的值一样多。

类型 Range<T> 的参数类型 T 可以通过两个参数来推断：

```
let r1 = 3u8..12u8;
let r2 = 3u8..12;
let r3 = 3..12u8;
let r4 = 3..12;
let r5 = -3..12;
let r6 = 3..12 as i64;
print!(
    "{} {} {} {} {} {}",
    std::mem::size_of_val(&r1),
    std::mem::size_of_val(&r2),
    std::mem::size_of_val(&r3),
    std::mem::size_of_val(&r4),
    std::mem::size_of_val(&r5),
    std::mem::size_of_val(&r6));
```

这将打印："2 2 2 8 8 16"。

r1 变量的两个极值都声明为 u8，因此它们具有该类型，它占用一个字节，因此整个范围占用两个字节。

r2 和 r3 变量的一个极值声明为 u8，而另一个极值则未指定。因此它也被迫成为 u8。

r4 和 r5 变量都具有未指定类型的极值，并且对此类变量没有进一步的限制，因此它们的 T 参数获得默认的 i32 类型。

r6 变量的极值类型为 i64，其他类型不受限制，因此 T 必须是 i64。

请注意，以下所有语句都是非法的：

```
let r1 = 3u8..12i8;
let r2: std::ops::Range<u32> = -3..12;
let r3: std::ops::Range<i32> = 3i16..12;
```

在第一个语句中，两个极值具有不同的类型。在第二个语句中，-3 不是 u32 类型的值。在第三条语句中，3i16 不是 i32 类型的值。

以下语句是允许的，但可能是错误的，因此它们会生成编译警告：

```
let _r1 = 3u8..1200;
let _r2 = 3..5_000_000_000;
```

它们都将生成整数溢出警告，因为第一个范围的类型将为 Range<u8>，第二个范围的类型将为 Range<i32>。

以下语句允许而不会发出警告，但它们可能是无意义的：

```
let _r1 = false .. true;
let _r2 = "hello" .. "world";
let _r3 = 4.2 .. 7.9;
```

的确，这样的无意义范围不能在 for 循环中使用。

15.2　将序列传递给函数

假设你需要创建一个函数，该函数获取一个包含 8 个数的数组作为参数，并返回此数组中最小的数字。为此，你可以编写以下程序：

```
fn min(arr: [i32; 8]) -> i32 {
    let mut minimum = arr[0];
    for i in 1..arr.len() {
        if arr[i] < minimum { minimum = arr[i]; }
    }
    minimum
}
print!("{}", min([23, 17, 12, 16, 15, 28, 17, 30]));
```

该程序将正确打印 12。但是，这样的 min 函数有一些缺点：

1. 作为参数，它获得了整个数组的副本（copy），需要大量时间来传输它，并占用了大量的栈空间和缓存空间。

2. 它不能接收仅处理数组一部分的请求。

3. 它只能接收包含 8 个数的数组。如果我们传递由七个或九个项组成的数组，则会得到编译错误。

4. 它不能接收向量作为参数。

为了克服第一个缺点，可以使用以下代码按引用（by reference）而不是按值（by value）传递数组：

```
fn min(arr: &[i32; 8]) -> i32 {
    let mut minimum = arr[0];
    for i in 1..arr.len() {
        if arr[i] < minimum { minimum = arr[i]; }
    }
    minimum
}
print!("{}", min(&[23, 17, 12, 16, 15, 28, 17, 30]));
```

这里添加了两个 "&" 字符，其中第一行中的一个用于声明参数。最后一行的另一个是调用函数的位置。正如我们已经看到的，由于 arr 引用已隐式取消，因此不需要更改函数体。

为了克服第二个缺点，可以添加一个参数以指定从哪个项开始处理，用另一个参数来指定要处理的参数数量：

```
fn min(arr: &[i32; 8], start: usize, count: usize) -> i32 {
    // Let's assume 'start' is between 0 and 7,
    // and 'count' is between 1 and 8 - start.
    let mut minimum = arr[start];
    for i in start + 1..start + count {
        if arr[i] < minimum { minimum = arr[i]; }
    }
    minimum
}
print!("{}", min(&[23, 17, 12, 16, 15, 28, 17, 30], 3, 2));
```

这将打印 15。实际上，已指定从位置 3 开始处理两个项（从 0 开始计数）。因此，仅处理值为 16 和 15 的两个项。

但是，这种做法仍然存在两个缺点。

考虑到我们的函数只需要知道从哪个内存地址开始处理，要处理多少项以及序列中项的类型。不需要知道这样的序列是否是更大序列的一部分，甚至不需要知道更大序列的开始和结束的位置。

另外，考虑到任何向量都将其数据保存在堆分配数组中，因此一旦知道要处理的项，此函数便可以对其进行处理。

15.3 切片

考虑到所有这些，并且为了克服所有上面提到的缺点，Rust 语言中已引入了"切片"的概念。它的语法是引用的语法：

```rust
fn min(arr: &[i32]) -> i32 {
    // Let's assume 'arr' is not empty.
    let mut minimum = arr[0];
    for i in 1..arr.len() {
        if arr[i] < minimum { minimum = arr[i]; }
    }
    minimum
}
print!("{}", min(&[23, 17, 12, 16, 15, 28, 17, 30]));
```

该程序还将打印 **12**，但与本章的第二个程序有以下唯一区别：在参数类型中，"**; 8**"子句消失了。现在，**arr** 参数的类型看起来像是对数组的引用，但是没有指定数组的大小。

这种类型是对切片的引用（reference to a slice），或切片引用（slice reference）。它的通用形式是 "**&[T]**"，其中 "**T**" 表示可以包含在数组中的任何类型。在此，"切片"是指项序列内的项子序列，如数组或向量缓冲区。为此，切片引用的实现是一对值：序列的第一项的地址以及项数。

注意，通常我们拥有的变量的类型是"切片引用"，很少是"切片"。切片的类型为"**[T]**"，但是不能将其作为参数传递给函数，因为它的大小在编译时未定义，而函数的参数要求它们具有编译时定义的大小。因此，我们只能将对切片的引用而不是切片传递给函数。这样的对象是一个指针和一个长度组成的一对，因此它们的内存占用正好是普通引用的两倍。

使用切片引用与使用数组非常相似。主要的实现差异是对数组上 **len** 函数的调用可以优化掉，用数组类型定义的恒定长度代替它，而对切片的引用上 **len** 函数的调用可以实现为对这种对象第二个字段的访问。

实际上，在前面的章节中，我们已经看到了与切片和切片引用非常相似的内容：字符串缓冲区和静态字符串。

我们可以建立以下相似表：

未定义长度字节序列	（起始地址，长度以字节为单位）	（起始地址，以字节为单位的长度，已使用的字节数）
字符串缓冲区：str	静态字符串：&str	动态字符串：String
字节切片：[u8]	对字节片的引用：&[u8]	向量或字节：Vec<u8>

表中第一列中的类型具有不确定的长度。类型为 **str** 的字符串缓冲区（string buffer）是未定义长度的字节序列，解释为 UTF-8 字符序列。类型为 **[u8]** 的无符号 8 位数字切片是不确定长度的字节序列。

第二列中有对第一列类型的引用。类型为 **&str** 的静态字符串（static string）是两个字段的结构：字符串缓冲区的内存起始地址，以及此缓冲区的长度（以字节为单位）。对类型

为 &[u8] 的无符号 8 位数字切片引用是两个字段的结构：无符号 8 位数字片的内存起始地址，以及此片的长度。

　　第三列中，有动态分配的堆分配对象。动态字符串（dynamic string 其类型为 String）是三个字段的结构：堆中分配的字符串缓冲区的内存起始地址，此缓冲区的长度（以字节为单位）以及当前在此缓冲区中使用的字节数。类型为 Vec<u8> 的无符号 8 位数字的向量（vector）是三个字段的结构：堆中分配的无符号 8 位数字切片的内存起始地址，此切片的长度以及此片中当前使用的字节数。

　　回到最后一个示例程序，请注意，min 函数的调用未更改。对数组的引用仍作为参数传递。实际上，使用数组地址作为切片地址，并将数组长度作为切片长度，将这样的数组引用隐式转换为切片引用。

　　因此，程序的最后一个语句将两个字段的结构传递给函数：第一个是包含数字 23 的数组项的内存地址，第二个是数字 8。

　　使用切片，灵活性大大提高。确实，现在可以编写：

```
fn min(arr: &[i32]) -> i32 {
    // Let's assume 'arr' is not empty.
    let mut minimum = arr[0];
    for i in 1..arr.len() {
        if arr[i] < minimum { minimum = arr[i]; }
    }
    minimum
}
print!("{} ", min(&[23, 17]));
print!("{}", min(&vec![55, 22, 33, 44]));
```

这将打印："17 22"。

　　第一次调用仅传递两个参数，而 17 是较小的那个。因此，min 函数不再局限于处理 8 个项的数组，而是可以处理具有任何正长度的数组和切片。

　　min 的第二次调用显示了我们的函数如何处理向量中包含的数据，而无须复制它们。传递给函数的值只是对向量的简单引用，但是，由于函数参数的类型为 "对切片的引用"，因此该参数成为对表示向量整体内容的切片的引用。

　　因此，我们克服了第一种解决方案的所有缺点。

15.4　切片操作

　　但是，有了这些方便的切片，它们出现了新的可能用途。

　　假设我们有一个数组或向量，例如向量 [23, 17, 12, 16, 15, 2]，以及一个将切片作为参数的函数，例如上面的 min 函数，想使用这样的函数来处理数组或向量的一部分。例如，我们要在该数组的第三、第四和第五项中找到最小值。

我们需要的是一种将切片构建为数组或向量的一部分，而不一定是整个数组或向量的方法。

语法很自然。为了获取数组 arr 或向量 v 的索引 2 的项，则分别写为 arr[2] 或 v[2]。要获取此类容器的索引在 2 到 5 之间的所有项，分别编写 arr[2..5] 或 v[2..5]。

这是范围的另一种用途！因此程序将是：

```rust
fn min(arr: &[i32]) -> i32 {
    // Let's assume 'arr' is not empty.
    let mut minimum = arr[0];
    for i in 1..arr.len() {
        if arr[i] < minimum { minimum = arr[i]; }
    }
    minimum
}
let arr = [23, 17, 12, 16, 15, 2];
let range = 2..5;
let slice_ref = &arr[range];
print!("{}", min(slice_ref));
```

这将打印 12，这是 12、16 和 15 中的最小值。最后四行可以合并为：

```rust
fn min(arr: &[i32]) -> i32 {
    // Let's assume 'arr' is not empty.
    let mut minimum = arr[0];
    for i in 1..arr.len() {
        if arr[i] < minimum { minimum = arr[i]; }
    }
    minimum
}
print!("{} ", min(&[23, 17, 12, 16, 15, 2][2..5]));
```

从数组或向量中获取切片的操作称为"切片操作"。

请注意，就像在 for 循环中一样，范围的上限也被排除在切片之外。实际上，指定范围 2..5 时，范围中包括的项是从零开始计数的位置 2、3 和 4 中的项。

切片操作符既可以应用于数组和向量，也可以应用于其他切片：

```rust
let arr = [55, 22, 33, 44, 66, 7, 8];
let v = vec![55, 22, 33, 44, 66, 7, 8];
let sr1 = &arr[2..5];
let sr2 = &v[2..5];
print!("{:?} {:?} {:?} {:?}", sr1, sr2, &sr1[1..2], &sr1[1]);
```

这将打印: "[33, 44, 66] [33, 44, 66] [44] 44"。

sr1 变量是对切片的引用, 该切片引用 arr 数组的第三、第四和第五项。

sr2 变量是对切片的类似引用, 但它引用 v 向量中的项。

在打印这些切片引用所引用的项之后, 取得第一个切片的切片。它引用该切片的第二项, 即基础数组的第四项。

最后, 通过简单的索引获取 sr1 的第二项。

15.5　超出范围的切片

除了正常切片之外, 还可以做一些更奇怪的事情:

```
let arr = [55, 22, 33, 44, 66];
let _r1 = 4..4; let _a1 = &arr[_r1];
let _r2 = 4..3; //let _a2 = &arr[_r2];
let _r3 = -3i32..2; //let _a3 = &arr[_r3];
let _r4 = 3..8; //let _a4 = &arr[_r4];
```

在此程序中, 除了第一行外, 每一行都声明了一个范围, 然后尝试使用它对第一行中声明的数组进行切片。

所有范围均有效, 但并非所有切片操作均有效, 因此某些语句已注释掉。

第二行是完全有效的。它从位置 4 开始到位置 4 之前获取一个切片。所以它是一个空切片, 但是允许有空切片。

第三行使用向后切片, 该切片在开始之前结束。编译器允许这样做, 但是它会在运行时引起紧急处理, 例如超出范围的数组访问。控制台上打印的运行时错误消息是 slice index that starts at 4 but ends at 3 (切片索引, 该索引以 4 开始但结束在 3)。尝试删除注释符号 //, 编译并运行以查看此错误, 然后恢复注释符号。

第四行使用限制类型为 i32 的范围。这会导致编译错误, 因为切片操作 (如对序列取索引) 需要使用 usize 类型。

第五行使用的范围超出了序列的大小。可以编译它, 但会导致产生紧急处理消息 index 8 out of range for slice of length 5 (索引 8 超出长度 5 的切片的范围)。

请注意, 所有这些内容显示了对数组执行切片操作时的情况, 但对向量和切片执行切片操作也都适用。

15.6　可变切片

更改切片的内容意味着什么? 切片是另一序列的一部分, 因此更改其内容意味着更改基础序列中一个或多个项的值。

```
let mut arr = [11, 22, 33, 44];
{
    let sl_ref = &mut arr[1..3];
    print!("{:?}", sl_ref);
    sl_ref[1] = 0;
    print!(" {:?}", sl_ref);
}
print!(" {:?}", arr);
```

这将打印："[22, 33] [22, 0] [11, 22, 0, 44]"。

sl_ref 变量是对可变（mutable）切片的不变（immutable）引用。因此，无法更改引用，但可以更改切片，这意味着可以更改其项的值。因此，在下面的两行中通过在切片的第二项（即基础数组的第三个项）中赋予零，可以完成这件事。

为了能够获得对可变切片的引用，基础序列必须是可变的。这需要第一行中的 mut 子句。

更改切片引用意味着什么？切片引用是一种引用，因此对其进行更改意味着使它引用另一部分序列，即，引用同一序列的另一部分，或引用另一序列的一部分。

```
let arr = [11, 22, 33, 44];
{
    let mut sl_ref = &arr[1..3];
    print!("{:?}", sl_ref);
    sl_ref = &arr[0..1];
    print!(" {:?}", sl_ref);
}
print!(" {:?}", arr);
```

这将打印："[22, 33] [11] [11, 22, 33, 44]"。

此程序中，arr 变量是一个不可变的数组，实际上它不会更改。sl_ref 变量是对不可变切片的可变引用。将其初始化为引用数组的第二和第三项，然后将其更改为引用数组的第一项。

15.7 开放式范围和切片操作

有时，希望从序列的开始到给定位置 n 的所有项，或者从给定的位置 n 到序列结束的所有项。

可以通过以下方式完成：

```
let arr = [11, 22, 33, 44];
let n = 2;
let sr1 = &arr[0..n];
let sr2 = &arr[n..arr.len()];
print!("{:?} {:?}", sr1, sr2);
```

这将打印："[11, 22] [33, 44]"。

但是用这种方式编写起来更简单：

```
let arr = [11, 22, 33, 44];
let n = 2;
let sr1 = &arr[..n];
let sr2 = &arr[n..];
print!("{:?} {:?}", sr1, sr2);
```

在第三行中，范围没有下限。在第四行中，范围没有上限。

实际上，这些范围是不同的类型：

```
let r1: std::ops::RangeFrom<i32> = 3..;
let r2: std::ops::RangeTo<i32> = ..12;
println!("{:?} {:?} {} {}", r1, r2,
    std::mem::size_of_val(&r1),
    std::mem::size_of_val(&r2));
```

这将打印："3.. ..12 4 4"。r1 变量的类型为 RangeFrom，表示它具有下限，但没有上限。r2 变量的类型为 RangeTo，这意味着它具有上限，但没有下限。两者都只占用 4 个字节，因为它们仅需要存储一个 i32 对象。

RangeTo 值仅对开放式切片操作有用，但 RangeFrom 值也可以用于指定 for 循环。

```
for i in 3.. {
    if i * i > 40 { break; }
    print!("{} ", i);
}
```

这将打印："3 4 5 6"。循环通过将值 3 赋给 i 开始，并使其无限递增，或者直到其他语句中断循环为止。

最后，还存在一种泛型类型的范围：

```
let range: std::ops::RangeFull = ..;
let a1 = [11, 22, 33, 44];
let a2 = &a1[range];
print!("{} {:?} {:?}", std::mem::size_of_val(&range), a1, a2);
```

这将打印："0 [11, 22, 33, 44] [11, 22, 33, 44]"。

任何 RangeFull 都不会存储任何信息，因此其大小为零。它用于指定与基础序列完全相同的范围。

第 16 章

使用迭代器

在本章中，你将学习：

❏ 字符在 Rust 字符串中如何存储，以及为什么不允许直接访问

❏ 如何使用迭代器读取字符串字符或字符串字节

❏ 如何使用迭代器从切片、数组和向量中读取项

❏ 如何使用可变迭代器修改切片、数组和向量中的项

❏ 如何使用迭代器适配器：filter、map 和 enumerate

❏ 如何使用迭代器消费者：any、all、count、sum、min、max 和 collect

❏ 迭代器链中的延迟处理概念

16.1 字符串字符

我们已经看到 Rust 具有静态字符串和动态字符串，并且这两种类型共享相同的字符编码，即 UTF-8。这种编码使用 1 到 6 个字节的序列来表示每个 Unicode 字符，因此字符串不是简单的字符数组，而是表示字符序列的字节数组。

但是，如果 s 是一个字符串，则表达式 s[0] 是什么意思？是 s 的第一个字符还是第一个字节呢？

任何选择对于某人来说都可能会感到惊讶，因此在 Rust 中，这样的表达式不允许用于字符串。要获得第一个字节，必须首先将字符串转换为字节切片。

```
let s = "abc012è€";
for i in 0..s.len() {
    println!("{}: {}", i, s.as_bytes()[i]);
}
```

这将打印：

```
0: 97
1: 98
2: 99
3: 48
4: 49
5: 50
6: 195
7: 168
8: 226
9: 130
10: 172
```

函数 as_bytes 将应用到的字符串转换为不可变的 u8 数字切片。这种转换的运行时成本为零，因为字符串缓冲区的表示已经是字节序列。

任何 ASCII 字符的 UTF-8 表示法都只是该字符的 ASCII 码。因此，对于字符 a、b、c、0、1 和 2，将打印其 ASCII 值。

è 字符由一对字节表示，分别具有值 195 和 168。€ 字符由三个字节的序列表示，分别具有值 226、130 和 172。因此，要获得给定位置的字符，必须扫描所有先前的字符。

与固定记录长度的文件相比，这种情况类似于文本文件。使用固定记录长度的文件，可以通过"查找"该位置读取任意位置 n 的记录，而无须预先读取所有前面的行。相反，使用行长度可变的文件来读取第 n 行，则需要读取所有前面的行。

16.2　扫描字符串

因此，要处理字符串的字符，有必要对其进行扫描。

假设给定字符串"€ èe"，我们要打印第三个字符。首先，必须扫描三个字节以获得第一个字符，因为"€"字符由三个字节的序列表示；然后必须再扫描两个字节以获得第二个字符，因为"è"字符由两个字节的序列表示；那么必须再扫描一个字节以获得第三个字符，因为"e"字符仅由一个字节的序列表示。

因此，我们需要一种方法，在给定当前位置的情况下获取字符串的下一个字符，并把当前位置前移到读取字符的最后。

在计算机科学中，将执行这样的行为的对象称为"迭代器"(有时称为"游标")，这些行为是在序列的当前位置提取项，然后将该位置前移。因此，我们需要一个字符串迭代器。

这是一个使用字符串迭代器的程序：

```
fn print_nth_char(s: &str, mut n: u32) {
    let mut iter: std::str::Chars = s.chars();
    loop {
        let item: Option<char> = iter.next();
        match item {
            Some(c) => if n == 1 { print!("{}", c); },
            None => { break; },
        }
        n -= 1;
    }
}
print_nth_char("€èe", 3);
```

该程序首先定义一个函数，其用途是获取字符串 s、数字 n，然后打印 s 在位置 n（从 1 开始计算）的字符（如果在该位置有字符），否则不执行任何操作。程序的最后一行调用此函数以打印 "€èe" 的第三个字符，因此程序将打印 e。

Rust 标准库提供了一个名为“Chars”的字符串迭代器类型。给定字符串“s”，你可以通过计算 s.chars() 获得“s”上的迭代器，如上面的程序第二行所示。

任何迭代器都有 next 函数。这样的函数在当前位置返回基础序列的下一项，并把当前位置前移。但是，大多数序列都有结尾。因此，迭代器只能在尚未到达序列末尾时返回下一个值。为了考虑序列结束的可能性，Rust 迭代器的 next 函数返回 Option<T> 类型的值。如果序列中没有其他项，则此值为 None。

使用 match 语句时，Some 情况导致处理字符串的下一个字符，而 None 情况则导致退出无限循环。

如果参数 n 为 1，则要求它打印字符串的第一个字符，因此将打印 c 变量的值。否则，对此字符不做任何处理。在 match 语句之后，可变的 n 计数器递减，所以当它达到 1 时，我们就达到了要打印的字符。

给定一个字符串，很容易打印其字符的数字代码。

```
fn print_codes(s: &str) {
    let mut iter = s.chars();
    loop {
        match iter.next() {
            Some(c) => { println!("{}: {}", c, c as u32); },
            None => { break; },
        }
    }
}
print_codes("€èe");
```

这将打印:

```
€: 8364
è: 232
e: 101
```

对于每个字符,都将打印该字符本身及其数字代码。

16.3 在 for 循环中使用迭代器

前面的示例有点麻烦,因此,它应该进行大幅度的语法简化。

```
fn print_codes(s: &str) {
    for c in s.chars() {
        println!("{}: {}", c, c as u32);
    }
}
print_codes("€èe");
```

该程序生成的机器代码与上一个程序相同,但对于人类读者来说则更加清晰。

似乎 for 循环中 in 关键字之后的表达式可以是迭代器。

但是究竟是什么迭代器?它不是类型,而是类型说明。迭代器被认为是具有返回 Option<T> 值的 next 方法的任何表达式。

到目前为止,我们在 for 循环中使用了范围。好吧,所有具有起始限制的范围都是迭代器,因为它们具有 next 函数。

```
// OK: std::ops::Range<u32> is an iterator
let _v1 = (0u32..10).next();

// OK: std::ops::RangeFrom<u32> is an iterator
let _v2 = (5u32..).next();

// Illegal: std::ops::RangeTo<u32> is not an iterator
// let _v3 = (..8u32).next();

// Illegal: std::ops::RangeFull is not an iterator
// let _v4 = (..).next();
```

也可以遍历字符串的字节:

```
for byte in "€èe".bytes() {
    print!("{} ", byte);
}
```

这将打印:"226 130 172 195 168 101"。前三个数字表示 € 字符;接下来的两个数

字表示 è 字符；最后一个字节 101 是 e 字符的 ASCII 码。

该程序可以分解为以下代码。

```
let string: &str = "€èe";
let string_it: std::str::Bytes = string.bytes();
for byte in string_it {
    print!("{} ", byte);
}
```

如上所示，chars 函数返回一个类型为 std::str::Chars 的值，而此处使用的 bytes 函数返回一个类型为 std::str::Bytes 的值。

Chars 和 Bytes 都是字符串迭代器类型，但是 Chars 的 next 函数返回字符串的下一个字符，而 Bytes 的 next 函数返回字符串的下一个字节。

这些字符串函数都与 as_bytes 函数不同，后者返回字符串字节的切片引用。

在切片、数组或向量上进行迭代也是非常典型的。字符串不是迭代器、切片、数组或向量。但是，就像通过调用 chars 函数获得字符串迭代器一样，通过调用 iter 函数也可以获得切片、数组或向量迭代器。

```
for item_ref in (&[11u8, 22, 33]).iter() {
    // *item_ref += 1;
    print!("{} ", *item_ref);
}
for item_ref in [44, 55, 66].iter() {
    // *item_ref += 1;
    print!("{} ", *item_ref);
}
for item_ref in vec!['a', 'b', 'c'].iter() {
    // *item_ref = if *item_ref == 'b' { 'B' } else { '-' };
    print!("{} ", *item_ref);
}
```

这将打印："11 22 33 44 55 66 a b c"。

该程序可以分解为以下代码。

```
let slice: &[u8] = &[11u8, 22, 33];
let slice_it: std::slice::Iter<u8> = slice.iter();
for item_ref in slice_it {
    // *item_ref += 1;
    print!("{} ", *item_ref);
}
let arr: [i32; 3] = [44, 55, 66];
let arr_it: std::slice::Iter<i32> = arr.iter();
for item_ref in arr_it {
```

```
    // *item_ref += 1;
    print!("{} ", *item_ref);
}
let vec: Vec<char> = vec!['a', 'b', 'c'];
let vec_it: std::slice::Iter<char> = vec.iter();
for item_ref in vec_it {
    // *item_ref = if *item_ref == 'b' { 'B' } else { '-' };
    print!("{} ", *item_ref);
}
```

将 iter 函数应用于 T 类型的项的切片或 T 类型的项的数组或 T 类型的项的向量，将返回 std::slice::Iter<T> 类型的值。顾名思义，这种返回值的类型是迭代器类型，因此可以在 for 循环中使用。

在 T 类型的数字范围内进行迭代时，循环变量为 T 类型；在字符串迭代器中进行迭代时，循环变量为 char 类型。而当迭代 T 类型的序列时，循环变量为 &T 类型，即它是一个引用。

因此，要访问其值，可以使用解引用运算符（*）。（有时必须用）

三个循环的循环体内的第一条语句都已注释掉，因为它们是非法的。实际上，循环变量是不可变的。即使从 slice、arr 和 vec 声明为不可变变量这件事来看，这种不变性也是可以理解的。

我们看到过，可使用 bytes 函数在字符串的字节上创建字符串迭代器。

```
for byte in "€èe".bytes() {
    print!("{} ", byte);
}
```

另一种迭代字符串的字节的方法是，首先使用 as_bytes 函数在字符串的字节上创建切片引用，然后对此类切片引用进行迭代。

```
for byte in "€èe".as_bytes().iter() {
    print!("{} ", byte);
}
```

该程序与上一个程序等效。

16.3.1　不可变的迭代

到目前为止，我们仅使用迭代器来读取序列，这是非常典型的应用。

遍历字符串的字符时，尝试更改它们是不合理的，因为新字符可能由与现有字符不同的字节数表示。例如，如果将 è 字符替换为 e 字符，则必须仅用一个字节替换两个字节。

因此，Rust 标准库无法使用字符串迭代器来逐字符地更改字符串。

当遍历字符串的字节时，尝试更改它们是不安全的，因为新字节可能创建无效的 UTF-8 字符串。因此，Rust 标准库无法使用字节字符串迭代器逐字节更改字符串。

正如我们已经看到的那样，当遍历一个范围时，循环使用的范围值是循环开始时的值，即使此范围值在循环中已更改，也不影响循环所使用的范围值：

```
let mut r = "abc".chars();
for i in r {
    r = "XY".chars();
    print!("{} {}; ", i, r.next().unwrap());
}
```

这将打印："a X; b X; c X;"。执行了循环内部的赋值，但是循环仍使用初始值。

循环变量可以在任何迭代中初始化：

```
let r = 0..5;
for mut i in r {
    i += 10;
    print!("{} ", i);
}
```

这将打印："10 11 12 13 14"。循环变量在循环内增加是可能的，因为 i 有 mut 子句，但 i 在下一次迭代时会重新初始化。

因此，对于字符串和范围，不需要允许更改序列项的迭代器。

16.3.2 可变的迭代

有时，当遍历一个序列时，有必要对该序列的项进行修改。到目前为止，我们见过的迭代器都无法做到这一点，甚至可变的迭代器也无法做到。

实际上，可变迭代器是可以被构造为在另一个序列上进行迭代的东西，而不是可以用来对它所迭代的序列进行修改的东西。

这是可变迭代器的一种可能用法。

```
let slice1 = &[3, 4, 5];
let slice2 = &[7, 8];
let mut iterator = slice1.iter();
for item_ref in iterator {
    print!("[{}] ", *item_ref);
}
iterator = slice2.iter();
for item_ref in iterator {
    print!("({}) ", *item_ref);
}
```

这将打印："[3] [4] [5] (7) (8)"。

可变迭代器首先引用序列 slice1，然后引用序列 slice2。

因为可变引用与对可变对象的引用的概念也不同，所以迭代器类似于引用。

但是，如果你要通过在某序列上的迭代器更改此序列中的值，则不能使用常规（可变或不可变）迭代器，即使使用以下语句也不行：

```rust
let mut slice = &mut [3, 4, 5];
{
    let mut iterator = slice.iter();
    for mut item_ref in iterator {
        *item_ref += 1;
    }
}
print!("{:?}", slice);
```

尽管此程序包含多个 mut 子句，但由于 *item_ref 仍然是不可变的，因此它会在循环体的此行处生成编译器错误。

为此，你需要另一种迭代器，即变异（mutating）迭代器，当然，必须通过可变序列对其进行初始化。

```rust
let slice = &mut [3, 4, 5];
{
    let iterator = slice.iter_mut();
    for item_ref in iterator {
        *item_ref += 1;
    }
}
print!("{:?}", slice);
```

这将打印："[4, 5, 6]"。

除了删除一些不必要的 mut 子句外，相对于先前的程序，唯一的变化是 iter 的调用已由 iter_mut 的调用代替。这两个函数分别为"获取一个读取它的迭代器"和"获取一个对其进行修改的迭代器"。

也可以通过显式指定迭代器的类型来更改此程序。

```rust
let slice = &mut [3, 4, 5];
{
    let iterator: std::slice::IterMut<i32> =
        slice.iter_mut();
    for item_ref in iterator {
        *item_ref += 1;
    }
}
print!("{:?}", slice);
```

iter 返回 Iter<T> 类型的值，iter_mut 返回 IterMut<T> 类型的值。

回到前面的程序，它在不改变其序列值的情况下遍历一个切片、一个数组和一个向量，以下是更改序列值的同一程序。

```rust
for item_ref in (&mut [11u8, 22, 33]).iter_mut() {
    *item_ref += 1;
    print!("{} ", *item_ref);
}
for item_ref in [44, 55, 66].iter_mut() {
    *item_ref += 1;
    print!("{} ", *item_ref);
}
for item_ref in vec!['a', 'b', 'c'].iter_mut() {
    *item_ref = if *item_ref == 'b' { 'B' } else { '-' };
    print!("{} ", *item_ref);
}
```

这将打印："12 23 34 45 56 67 - B -"。

该程序可以分解成以下代码。

```rust
let slice: &mut [u8] = &mut [11u8, 22, 33];
let slice_it: std::slice::IterMut<u8> = slice.iter_mut();
for item_ref in slice_it {
    *item_ref += 1;
    print!("{} ", *item_ref);
}
let mut arr: [i32; 3] = [44, 55, 66];
let arr_it: std::slice::IterMut<i32> = arr.iter_mut();
for item_ref in arr_it {
    *item_ref += 1;
    print!("{} ", *item_ref);
}
let mut vec: Vec<char> = vec!['a', 'b', 'c'];
let vec_it: std::slice::IterMut<char> = vec.iter_mut();
for item_ref in vec_it {
    *item_ref = if *item_ref == 'b' { 'B' } else { '-' };
    print!("{} ", *item_ref);
}
```

与注释掉每个循环体的第一条语句的类似程序的不同之处在于：

❑ slice 变量是可变字节上的切片引用。

❑ arr 和 vec 变量是可变的。

❑ 三个对 iter 函数的调用中的每一个都已被对 iter_mut 函数的调用替换。

❑ iter_mut 函数返回 IterMut 泛型类型的值，因此三个迭代器都具有此类型，而不是 Iter 泛型类型。

❑ 循环变量 item_ref 引用的项实际上已更改，因为相应语句已取消注释。

这是一个演示更改基础数据的有效程序。

```
let slice = &mut [11u8, 22, 33];
for item_ref in slice.iter_mut() {
    *item_ref += 1;
}
print!("{:?} ", slice);

let mut arr = [44, 55, 66];
for item_ref in arr.iter_mut() {
    *item_ref += 1;
}
print!("{:?} ", arr);
let mut vec = vec!['a', 'b', 'c'];
for item_ref in vec.iter_mut() {
    *item_ref = if *item_ref == 'b' { 'B' } else { '-' };
}
print!("{:?} ", vec);
```

这将打印："[12, 23, 34] [45, 56, 67] ['-', 'B', '-']"。

到目前为止，我们已经遇到了四个获得序列并返回迭代器的函数：chars、bytes、iter 和 iter_mut。没有取得迭代器但返回迭代器的函数称为"迭代器生成器"（iterator generator）。

16.4　迭代器适配器：filter

让我们看看迭代器的其他用途。

例如，给定一个数字数组，如何打印该数组的所有负数？

一种可能的方式是这样的：

```
let arr = [66, -8, 43, 19, 0, -31];
for n in arr.iter() {
    if *n < 0 { print!("{} ", n); }
}
```

这将打印："-8 -31"。

但是另一种可能的方式是这样的：

```
let arr = [66, -8, 43, 19, 0, -31];
for n in arr.iter().filter(|x| **x < 0) {
    print!("{} ", n);
}
```

filter 函数在标准库中。它将应用于迭代器，并且以闭包作为参数。顾名思义，此函数的目的是"过滤"迭代的序列，即丢弃不满足由闭包实现的条件的项，而只传递满足该条件的项。

filter 函数一次从迭代器获取一个项，然后为每个项都调用一次闭包，并将该项作为参数传递。在我们的示例中，当前项是整数，赋给 x 局部变量。

闭包必须返回一个布尔值，该布尔值指示该项是已被过滤器接受（true）还是拒绝（false）。拒绝的项被销毁，而接受的项则传递到外围的表达式中。

实际上，filter 函数返回一个迭代器，该迭代器（在调用其 next 函数时）仅生成闭包为其返回 true 的项。

因为我们只想接受负数，所以闭包内部的条件是 x<0。但是还有两个星号，它们是怎么来的？

我们已经说过，iter 函数返回的迭代器会生成对序列项的引用，而不是项本身，因此，获取该项需要一个星号。

另外，filter 函数在从迭代器接收到一个项时，会将对该项的引用传递给闭包，所以需要另一个星号。因此，x 是对整数的引用。需要两个星号来获得该数字并将其与零进行比较。

我们说过 filter 函数返回另一个迭代器。所以可以在 for 循环中使用它，而在此我们曾经使用过迭代器。

因为 filter 函数获取一个迭代器并返回一个迭代器，所以可以看出它将一个迭代器"转换"为另一个迭代器。此类迭代器"转换器"通常称为"迭代器适配器"。术语"适配器"是电器连接器的术语：如果某插头不适合插座，则使用适配器。

16.4.1　map 迭代器适配器

给定一个数字数组，如何打印该数组每个数字的两倍呢？
你可以通过以下方式进行操作：

```rust
let arr = [66, -8, 43, 19, 0, -31];
for n in arr.iter() {
    print!("{} ", n * 2);
}
```

这将打印："132 -16 86 38 0 -62"。
但是也可以通过以下方式进行操作：

```
let arr = [66, -8, 43, 19, 0, -31];
for n in arr.iter().map(|x| *x * 2) {
    print!("{} ", n);
}
```

map 函数是标准库中的另一个迭代器适配器。其目的是将迭代器产生的值"转换"为其他值。与 filter 函数不同，闭包返回的值可以是任何类型。这里的值表示变换后的值。

实际上，map 函数返回一个新创建的迭代器，该迭代器生成所有由闭包作为参数接收，再返回的项。

虽然 filter 适配器删除了迭代序列中的某些项，而其他项则保持不变，map 适配器不会删除任何项，但会对其进行转换。

它们之间的另一个区别是，虽然 filter 传递了一个引用作为其闭包的参数，但 map 传递了一个值。

16.4.2　enumerate 迭代器适配器

传统上，要遍历序列，需要用递增的整数计数器，然后使用该计数器访问序列的项：

```
let arr = ['a', 'b', 'c'];
for i in 0..arr.len() {
    print!("{} {}, ", i, arr[i]);
}
```

这将打印："0 a, 1 b, 2 c,"。

在序列上使用迭代器，可以避免使用整数计数器。

```
let arr = ['a', 'b', 'c'];
for ch in arr.iter() {
    print!("{}, ", ch);
}
```

这将打印："a, b, c,"。

但是，如果你还需要一个计数器，则应该使用旧方法，或添加另一个变量并显式递增它：

```
let arr = ['a', 'b', 'c'];
let mut i = 0;
for ch in arr.iter() {
    print!("{} {}, ", i, *ch);
    i += 1;
}
```

但是还有另一种可能性：

```rust
let arr = ['a', 'b', 'c'];
for (i, ch) in arr.iter().enumerate() {
    print!("{} {}, ", i, *ch);
}
```

在第二行中，循环变量实际上是变量整数和对字符的引用组成的元组。在第一次迭代中，i 变量获得 0 作为其值，而 ch 得到的值是数组第一个字符的地址。在每次迭代中，i 和 ch 都会递增。

这是可行的，因为 enumerate 函数取得一个迭代器并返回另一个迭代器。此返回的迭代器在每次迭代时均返回类型 (usize，&char) 的值。此元组的第一字段中具有一个计数器，并且在其第二字段中有从第一个迭代器接收到的项的副本。

16.5　迭代器消费者：any

给定字符串，如何确定它是否包含给定字符？

可以通过以下方式进行操作：

```rust
let s = "Hello, world!";
let ch = 'R';
let mut contains = false;
for c in s.chars() {
    if c == ch {
        contains = true;
    }
}
print!("\"{}\" {} '{}'.",
    s,
    if contains {
        "contains"
    } else {
        "does not contain"
    },
    ch);
```

这将打印：`"Hello, world!" does not contain 'R'`。

这样的结果是因为字符相等性比较区分大小写。但是，如果将第二行中的大写 R 替换为小写 r，它将打印：`"Hello, world!" contains 'r'`。

你也可以通过以下方式进行操作：

```
let s = "Hello, world!";
let ch = 'R';
print!("\"{}\" {} '{}'.",
    s,
    if s.chars().any(|c| c == ch) {
        "contains"
    } else {
        "does not contain"
    },
    ch);
```

在这里，contains 变量和可能将其设置为 true 的循环已删除，并且此变量的唯一其他用途已由表达式 s.chars().any(|c| c == ch) 代替。

因为 contains 变量的唯一目的是指示 s 字符串是否包含 ch 字符，所以替换它的表达式当然也必须具有相同的值。

我们知道 s.chars() 表达式是针对 s 字符串的字符进行迭代得出的。然后，将标准库中的 any 函数应用于此类迭代器。其目的是确定布尔函数（也称为"谓词"）对于迭代器生成的任一项是否为真。

any 函数必须应用于迭代器，并且必须接收闭包作为参数。它将闭包应用于从迭代器接收到的每个项，并且闭包在某个项上返回 true 时将立即返回 true，如果闭包对所有项均返回 false，则将返回 false。

因此，该函数告诉我们"任一"（any）项是否满足闭包指定的条件。

还可以使用 any 函数确定数组是否包含任何负数：

```
print!("{} ",
    [45, 8, 2, 6].iter().any(|n| *n < 0));
print!("{} ",
    [45, 8, -2, 6].iter().any(|n| *n < 0));
```

这将打印："false true"。

为了明确起见，可以使用以下类型对闭包进行注解：

```
print!("{} ", [45, 8, 2, 6].iter()
    .any(|n: &i32| -> bool { *n < 0 }));
print!("{} ", [45, 8, -2, 6].iter()
    .any(|n: &i32| -> bool { *n < 0 }));
```

省略 & 符号会产生类型错误。

请注意，虽然上面看到的迭代器适配器都返回了迭代器，但 any 函数应用于迭代器后，它返回的是布尔值，而不是迭代器。

每个应用于迭代器但不返回迭代器的函数称为"迭代器消费者"，因为它从迭代器获取数据但不将其放入另一个迭代器中，因此它"消费"数据，而不是"采用"数据。

16.5.1 all 迭代器消费者

使用 any 函数，可以确定是否至少有一个迭代项满足条件。那么如何确定所有迭代项是否满足条件呢？

例如，要确定数组中的所有数字是否均为正，可以编写：

```
print!("{} ", [45, 8, 2, 6].iter()
    .all(|n: &i32| -> bool { *n > 0 }));
print!("{} ", [45, 8, -2, 6].iter()
    .all(|n: &i32| -> bool { *n > 0 }));
```

这将打印："true false"。

请注意，any 函数表示逻辑 or 运算符的重复应用，而 all 函数表示逻辑 and 运算符的重复应用。还要注意，按照逻辑规则，如果迭代器不产生项，则 any 函数对于任何闭包都返回 false，而 all 函数对于任何闭包都返回 true。

16.5.2 count 迭代器消费者

给定一个迭代器，你如何知道它将产生多少项？

如果要迭代切片、数组或向量，则最好使用此类对象的 len 函数，因为这是获取其长度的最简单和最快的方法。但是，如果你想知道一个字符串中有多少个字符，则必须全部扫描，因为组成一个字符串的字符数不会存储在任何地方，除非你这样做。

因此，需要使用最简单的迭代器消费者。

```
let s = "€èe";
print!("{} {}", s.chars().count(), s.len());
```

这将显示 "3 6"，这意味着该字符串包含由六个字节表示的三个字符。

count 迭代器消费者不带任何参数，并且始终返回一个 usize 值。

16.5.3 sum 迭代器消费者

如果你要对迭代项求和而不是计算迭代项的个数，那么它几乎与计数一样简单。

```
print!("{}", [45, 8, -2, 6].iter().sum::<i32>());
```

这将打印：57。sum 迭代器消费者也不带参数。但是，它需要在尖括号中输入类型参数。它是返回数字的类型。这是必需的，否则编译器将无法推断出这种类型。但是在其他情况下，例如以下情况，它是可选的。

```
let s: i32 = [45, 8, -2, 6].iter().sum();
print!("{}", s);
```

也可以对空序列的项求和。

```
let s: u32 = [].iter().sum();
print!("{}", s);
```

它将打印 0。

请注意，虽然 count 函数适用于任何迭代器，但 sum 函数仅适用于产生可求和的项的迭代器。语句 [3.4].iter().sum::<f64>(); 是合法的，而语句 t [true].iter().sum::<bool>() 是非法的，因为不允许对布尔值求和。

16.5.4　min 和 max 迭代器消费者

如果迭代器产生的值可以相互比较，则有可能获得这些值的最小值或最大值。但是有一个问题：空序列。如果我们的迭代器没有生成任何项，则可以对它们进行计数，并且此计数为零；可以将它们相加，它们的总和为零；但是我们无法获得空序列的最大值或最小值。因此，min 迭代器消费者和 max 迭代器消费者产生一个 Option 值，如果将它们应用于非空数字序列，则为 Some 数字；如果应用于空序列，则为 None。

```
let arr = [45, 8, -2, 6];
match arr.iter().min() {
    Some(n) => print!("{} ", n),
    _ => (),
}
match arr.iter().max() {
    Some(n) => print!("{} ", n),
    _ => (),
}
match [0; 0].iter().min() {
    Some(n) => print!("{} ", n),
    _ => print!("---"),
}
```

这将打印 -2 45 ---。

min 和 max 消费者也可以应用于产生非数值对象的迭代器，前提是它们具有可比性。

```
let arr = ["hello", "brave", "new", "world"];
match arr.iter().min() {
    Some(n) => print!("{} ", n),
    _ => (),
```

```
}
match arr.iter().max() {
    Some(n) => print!("{} ", n),
    _ => (),
}
```

这将打印："brave world"。

16.5.5 collect 消费者

any、all、count、sum、min 和 max 迭代器消费者返回有关可能较长的项序列的简单信息。

但是我们可能希望将所有消费的项放入向量中。

```
let arr = [36, 1, 15, 9, 4];
let v = arr.iter().collect::<Vec<&i32>>();
print!("{:?}", v);
```

这将打印："[36, 1, 15, 9, 4]"。

collect 函数创建了一个新的 Vec<&i32> 对象，并将迭代器生成的所有项都放入了其中。

该函数由所得集合的类型进行参数化，因为该函数可用于将项放入各种集合中，而且从环境中还不清楚是否需要 Vec。实际上，Rust 可以推断 &i32 类型，因此可以用占位符 _ 代替。

```
let arr = [36, 1, 15, 9, 4];
let v = arr.iter().collect::<Vec<_>>();
print!("{:?}", v);
```

但是，如果可以推断出结果集合的类型，则可以从 collect 的参数化中将其省略。因此，即使下面这个程序也等同于上一个程序：

```
let arr = [36, 1, 15, 9, 4];
let v: Vec<_> = arr.iter().collect();
print!("{:?}", v);
```

同样，可以将字符串字符或字符串字节收集到字符串或向量中：

```
let s = "Hello";
println!("{:?}", s.chars().collect::<String>());
println!("{:?}", s.chars().collect::<Vec<char>>());
println!("{:?}", s.bytes().collect::<Vec<u8>>());
println!("{:?}", s.as_bytes().iter().collect::<Vec<&u8>>());
```

这将打印：

```
"Hello"
['H', 'e', 'l', 'l', 'o']
[72, 101, 108, 108, 111]
[72, 101, 108, 108, 111]
```

第二和第三条语句将 chars 函数应用于字符串，以获得产生字符的迭代器。但是第二条语句将这些字符收集到 String 对象中，而第三条语句将它们收集到字符向量中。

第四条语句使用 bytes 函数来获取产生字节的迭代器。然后，将这些字节（即字符的 ASCII 表示形式）收集到一个向量中。

第五条语句使用 as_bytes 函数将字符串视为字节切片。然后，使用 iter 函数在该切片上获取迭代器，从而生成对字节的引用。然后，将这些对字节的引用收集到向量中。

请注意，collect 函数不能用于将迭代项放入静态字符串、数组或切片中，因为它需要在运行时分配所需的空间。

16.6　迭代器链

假设你有一个数字数组，并且想要创建一个仅包含该数组的正数乘以 2 的向量。

可以不使用迭代器来编写它：

```
let arr = [66, -8, 43, 19, 0, -31];
let mut v = vec![];
for i in 0..arr.len() {
    if arr[i] > 0 { v.push(arr[i] * 2); }
}
print!("{:?}", v);
```

这将打印 [132, 86, 38]。

或者等效地，你可以使用迭代器，而不使用迭代器适配器来编写它：

```
let arr = [66, -8, 43, 19, 0, -31];
let mut v = vec![];
for n in arr.iter() {
    if *n > 0 { v.push(*n * 2); }
}
print!("{:?}", v);
```

或者等效地，你可以使用一个迭代器和两个迭代器适配器，而不使用迭代器消费者来编写它：

```
let arr = [66, -8, 43, 19, 0, -31];
let mut v = vec![];
for n in arr
    .iter()
    .filter(|x| **x > 0)
    .map(|x| *x * 2)
{
    v.push(n);
}
print!("{:?}", v);
```

或者等效地，你可以使用一个迭代器、两个迭代器适配器和一个迭代器消费者来编写它：

```
let arr = [66, -8, 43, 19, 0, -31];
let v = arr
    .iter()
    .filter(|x| **x > 0)
    .map(|x| *x * 2)
    .collect::<Vec<_>>();
print!("{:?}", v);
```

最后一个版本显示了一种典型的函数式语言编程模式：迭代器链。

从序列中创建一个迭代器，然后将零个或多个迭代器适配器链接起来，然后用迭代器消费者关闭此链。

此类链以迭代器或未应用到迭代器但创建迭代器（的函数也称为迭代器生成器）开头；它们使用应用于迭代器的零个或多个函数进行处理，并创建另一个迭代器，也称为迭代器适配器。它们的结果以迭代器结尾，或者以应用于一个迭代器但未创建另一个迭代器的函数（又称为迭代器消费者）结尾。

我们学习了几个迭代器生成器：`iter`、`iter_mut`、`chars`、`bytes`，我们还学习了范围，它是不需要由生成器创建的迭代器。

我们学习了几个迭代器适配器：`filter`、`map`、`enumerate`。

我们学习了几个迭代器消费者：`any`、`all`、`count`、`sum`、`min`、`max`、`collect`。

16.7 迭代器是"惰性的"

让我们通过添加一些打印调试信息的语句来更改最后一个示例：

```
let v = [66, -8, 43, 19, 0, -31]
    .iter()
    .filter(|x| { print!("F{} ", x); **x > 0 })
```

```
      .map(|x| { print!("M{} ", x); *x * 2 })
      .collect::<Vec<_>>();
  print!("{:?}", v);
```

这将打印 F66 M66 F-8 F43 M43 F19 M19 F0 F-31 [132, 86, 38]。

运行时操作步骤如下。

调用 iter 会准备一个迭代器，但它不会访问数组。将这样的迭代器命名为 "I"。

filter 的调用准备一个迭代器，但是它不管理数据。将这样的迭代器命名为 "F"。

map 的调用准备一个迭代器，但是它不管理数据。把这样的迭代器命名为 "M"。

调用 collect 向 "M" 请求一个项；"M" 向 "F" 请求一个项；"F" 向 "I" 请求一个项；"I" 从数组中取出数字 66，并将其传递给 "F"，由它打印，检查它是否为正，然后将其传递给 "M"，由它打印这个数字，加倍这个数字，然后将其传递给 collect，然后由 collect 将其推到向量中。

然后，因为 collect 刚刚收到了 Some 项而不是 None，所以它向 "M" 请求获取另一个项，然后重复上述过程，直到数字 -8 到达 "F" 为止，"F" 将其视为非正数而拒绝。实际上 -8 不是由 "M" 打印的。在此处，是 "F" 打印的，因为它之前刚收到 Some 项，要求 "I" 再输入另一项。

算法以这种方式进行，直到数组完成。当 "I" 在数组中找不到其他项时，它将 None 发送到 "F" 以表示没有更多项。当 "F" 接收到 None 时，将其发送到 "M"，由 "M" 发送给 collect，并停止询问项，整个语句完成。

同样，如果除了 collect 调用之外的整个表达式都位于 for 循环的标头中，则也会激活此机制。

但是，让我们同时省略 for 循环和任何迭代器消费者。

```
  [66, -8, 43, 19, 0, -31]
      .iter()
      .filter(|x| { print!("F{} ", x); **x > 0 })
      .map(|x| { print!("M{} ", x); *x * 2 });
```

这样则不会打印任何内容，因为它什么都不做。甚至编译器也会报告 unused `std::iter::Map` which must be used: iterator adapters are lazy and do nothing unless consumed（未使用必须使用的 `std::iter::Map`：迭代器适配器是惰性的，除非被消费，否则不执行任何操作）的警告。

在计算机科学中，"惰性" 意味着尝试尽可能晚地进行处理。迭代器适配器是惰性的，因为它们仅在另一个函数要求它们提供项时才处理数据：它可以是另一个迭代器适配器、迭代器消费者或用作消费者的 for 循环。如果没有数据接收器，则不会发生数据访问。

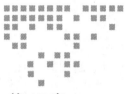

Chapter 17 第 17 章

输入/输出和错误处理方式

在本章中，你将学习：

❑ 如何从用于启动程序的命令行获取参数

❑ 退出程序时如何将状态代码返回操作系统

❑ 如何获取和设置进程环境变量

❑ 处理运行时错误的技术和最佳实践

❑ 如何从控制台键盘读取以及如何写入控制台屏幕

❑ 如何将基本类型转换为字符串

❑ 如何读取或写入二进制文件

❑ 如何逐行读取文本文件

17.1 命令行参数

程序输入的最基本形式是通过命令行。

```rust
let command_line: std::env::Args = std::env::args();
for argument in command_line {
    println!("[{}]", argument);
}
```

如果对该程序进行了编译以创建一个名为 main 的文件，并通过写入命令行 "./main first second" 启动了该文件，它将打印：

```
[./main]
[first]
[second]
```

args 标准库函数返回在命令行参数上的迭代器。这样的迭代器的类型为 Args，并生成 String 值。产生的第一个值是程序名称，以及用于到达它的路径。其余的值是程序参数。

通常会清除命令行参数中的所有空白；为了保留空白，必须将它们括在引号中，引号将删除。如果启动 ./main " first argument" "second argument "，它将打印：

```
[./main]
[ first argument]
[second argument  ]
```

该程序可以缩写为：

```
for a in std::env::args() {
    println!("[{}]", a);
}
```

17.2 进程返回码

程序输出的最基本形式是其返回代码。

```
std::process::exit(107);
```

该程序在调用 "exit" 函数时将立即终止，并将返回给启动进程数字 107。

如果此程序是从 Unix、Linux 或 MacOS 的控制台启动的，则可能在以后编写命令 "echo $?" 在控制台上打印 107。相应的 Windows 命令是 "echo %errorlevel%"。

17.3 环境变量

输入/输出的另一种形式是通过环境变量。

```
for var in std::env::vars() {
    println!("[{}]=[{}]", var.0, var.1);
}
```

该程序将为每个环境变量都打印一行。但是，要读取或写入特定的环境变量，下列代码更好：

```
print!("[{:?}]", std::env::var("abcd"));
std::env::set_var("abcd", "This is the value");
print!(" [{:?}]", std::env::var("abcd"));
```

此程序可能会打印："[Err(NotPresent)] [Ok("This is the value")]"。首先，可能尚未定义 "abcd" 环境变量，因此调用 "var" 函数返回 "Result" 值的 "Err" 变体。具体的错误类型是枚举 "NotPresent"。然后，调用 "set_var" 函数为当前进程设置这样的环境变量。因此，在下一次尝试获取此环境变量时，将找到它，并将其字符串值返回到一个 "Ok" 变体中。

一个类似的程序是这样的：

```
print!("{}",
    if std::env::var("abcd").is_ok() {
        "Already defined"
    } else {
        "Undefined"
    });
std::env::set_var("abcd", "This is the value");
print!(", {}.", match std::env::var("abcd") {
    Ok(value) => value,
    Err(err) => format!("Still undefined: {}", err),
});
```

它将打印："Undefined, This is the value."。

17.4 从控制台读取

对于面向命令行的程序，典型的获取输入的方法是从键盘上读取一行，直到用户按下 Enter 键为止。可以将此类输入重定向为从文件或其他进程的输出中读取。

```
let mut line = String::new();
println!("{:?}", std::io::stdin().read_line(&mut line));
println!("[{}]", line);
```

该程序启动时，它将等待你从键盘输入，直到你按一些键，然后按 Enter。例如，如果键入 "Hello"，然后按 Enter，它将打印：

```
Ok(6)
[Hello
]
```

"stdin" 函数将一个句柄返回到当前进程的标准输入流。在该句柄上，可以应用 "read_line" 函数。它等待标准输入流中的行尾或文件尾字符，然后尝试读取输入缓冲区中存在的所有字符。该读取可能会失败，因为另一个线程正在同时读取它。

如果读取成功，则将读取的字符放入字符串对象中，该对象分配给 "line" 变量，并通过作为可变对象引用的参数接收，并且 **"read_line"** 函数返回一个 **"Ok"** 结果对象，其数据是读取的字节数。请注意，该数字为 **"6"**，因为除了字符串 **"Hello"** 的五个字节外，还有行尾控制字符。实际上，当打印 **"line"** 变量时，将在单独的行中打印结束的方括号，因为行尾字符也被打印了。

如果 **"read_line"** 函数无法从标准输入流中读取字符，则它将返回 **"Err"** 结果对象，并且不会更改 **"line"** 变量的值。

让我们看看从标准输入流读取多行时会发生什么。

```
let mut text = format!("First: ");
let inp = std::io::stdin();
inp.read_line(&mut text).unwrap();
text.push_str("Second: ");
inp.read_line(&mut text).unwrap();
println!("{}: {} bytes", text, text.len());
```

如果运行此程序时，键入"eè€"，然后按 Enter，然后键入"Hello"，然后再次按 Enter，它将打印：

```
First: eè€
Second: Hello
 : 28 bytes
```

如果键盘不允许你键入这些字符，请尝试键入任何非 ASCII 字符。

首先，请注意，最后一行打印的字符串跨越三行，因为它包含两个行尾字符。此外，它包含 7 字节 ASCII 字符串 **"First:"** 和 8 字节 ASCII 字符串 **"Second:"**。另外，**"Hello"** 是 ASCII 字符串，包含 5 个字节。正如我们在另一章中看到的那样，**"eè€"** 字符串包含 6 个字节，因此我们有 7 + 6 + 1 + 8 + 5 + 1 = 28 个字节。

其次，让我们看看 **"text"** 变量的内容是如何构建的。请注意，**"read_line"** 函数将键入的行附加到其参数指定的对象上，而不是覆盖它。**"text"** 变量初始化为包含 **"First:"**。然后，在第三行中，将第一行输入内容附加到这些内容之后。然后，在第四行中，将字面量字符串 **"Second:"** 附加到该字符串。最后，在第五行中，附加第二行的输入内容。

第三，请注意，当 **"read_line"** 函数读取输入缓冲区时，会将其清除，因为第二次调用该函数时不会再次读取原始缓冲区的内容。

第四，请注意，每次调用 **"read_line"** 之后，都会调用 **"unwrap"**，但其返回值将被忽略。

这样的调用可以省略。

```
let mut text = format!("First: ");
let inp = std::io::stdin();
inp.read_line(&mut text);
text.push_str("Second: ");
inp.read_line(&mut text);
println!("{}: {} bytes", text, text.len());
```

但是，在编译该程序时，对于两次 "read_line" 调用，编译器均发出警告 "unused `std::result::Result` which must be used"（必须使用未使用的 `std::result::Result`）。这意味着 "read_line" 返回类型为 "Result" 的值，并且该值被忽略或未被使用。Rust 认为忽略 "Result" 类型的返回值很危险，因为这种类型可能表示运行时错误，因此程序逻辑不考虑这种错误。这不但在生产代码中很危险，而且在调试代码中也不适用，因为它隐藏了要查找的错误。

因此，在调试代码中，最好总是至少写一个 ".unwrap()" 子句。

但是在生产代码中，事情并不那么简单。

17.5　正确的运行时错误处理

在实际运行的软件中，经常会调用许多返回 "Result" 类型值的函数。称为"易出错的"（fallible）函数。易出错的函数通常返回 "OK,"，但在特殊情况下，返回 "Err"。

在 C++、Java 和其他面向对象的语言中，标准的错误处理技术基于所谓的"异常"，以及"throw""try"和"catch"关键字。在 Rust 中，没有这样的东西。所有错误处理均基于 "Result" 类型、其函数和 "match" 语句。

假设你正在编写一个函数 "f,"，要完成其功能，必须调用多个易出错的函数 "f1""f2""f3" 和 "f4"。每个函数如果失败都返回错误消息，如果成功，则返回结果。如果某个函数失败，则该错误消息应立即由 "f" 函数作为其错误消息返回。如果一个函数成功，则其结果应作为参数传递给下一个函数。最后一个函数的结果作为 "f" 函数的结果传递。

一种可能是这样写：

```
fn f1(x: i32) -> Result<i32, String> {
    if x == 1 {
        Err(format!("Err. 1"))
    } else {
        Ok(x)
    }
}
```

```rust
fn f2(x: i32) -> Result<i32, String> {
    if x == 2 {
        Err(format!("Err. 2"))
    } else {
        Ok(x)
    }
}
fn f3(x: i32) -> Result<i32, String> {
    if x == 3 {
        Err(format!("Err. 3"))
    } else {
        Ok(x)
    }
}
fn f4(x: i32) -> Result<i32, String> {
    if x == 4 {
        Err(format!("Err. 4"))
    } else {
        Ok(x)
    }
}
fn f(x: i32) -> Result<i32, String> {
    match f1(x) {
        Ok(result) => {
            match f2(result) {
                Ok(result) => {
                    match f3(result) {
                        Ok(result) => f4(result),
                        Err(err_msg) => Err(err_msg),
                    }
                }
                Err(err_msg) => Err(err_msg),
            }
        }
        Err(err_msg) => Err(err_msg),
    }
}
match f(2) {
    Ok(y) => println!("{}", y),
    Err(e) => println!("Error: {}", e),
}
match f(4) {
    Ok(y) => println!("{}", y),
    Err(e) => println!("Error: {}", e),
}
match f(5) {
    Ok(y) => println!("{}", y),
    Err(e) => println!("Error: {}", e),
}
```

这将打印：

```
Error: Err. 2
Error: Err. 4
5
```

很明显，随着调用次数的增加，这种模式变得笨拙，因为每增加一个调用，缩进级别就会增加 2。

通过将 "f" 函数替换为以下代码，可以使该代码线性化：

```
fn f(x: i32) -> Result<i32, String> {
    let result1 = f1(x);
    if result1.is_err() { return result1; }
    let result2 = f2(result1.unwrap());
    if result2.is_err() { return result2; }
    let result3 = f3(result2.unwrap());
    if result3.is_err() { return result3; }
    f4(result3.unwrap())
}
```

每个中间结果都存储在一个临时变量中，然后使用 "is_err" 函数检查该变量。如果失败，则退回；如果成功，则使用 "unwrap" 函数提取实际结果。

这种模式非常典型，以至于已在该语言中引入了语言特性。这是 "f" 函数的等效版本：

```
fn f(x: i32) -> Result<i32, String> {
    f4(f3(f2(f1(x)?)?)?)
}
```

问号是一个特殊的宏，当应用于 "e?" 之类的表达式时，如果 "e" 属于泛型类型 "Result<T,E>"，则将其扩展为表达式 "match e { Some(v) => v, _ => return e }"，相反，如果 "e" 是泛型类型 "Option<T>"，则将其扩展为表达式 "match e { Ok(v) => v, _ => return e }"。换句话说，该宏检查其参数是 "Some" 还是 "Ok"，并在这种情况下将其拆开，否则将其作为包含函数的返回值返回。

它只能应用于类型为 "Result<T,E>" 或 "Option<T>" 的表达式，当然，它只能在具有适当返回值类型的函数内使用。如果外层函数的返回值类型为 "Result<T1,E>"，则问号宏只能应用到 "Result<T2,E>" 类型的表达式，其中 "T2" 可以与 "T1" 不同，但 "E" 必须相同；相反，如果外层函数的返回值类型为 "Option<T1>"，则问号宏只能应用于 "Option<T2>" 类型的表达式。

因此，以下是构建健壮的错误处理的正确模式。包含对易出错的函数的调用的每个函数都应该是易出错的函数，或者应在 "match" 语句中处理 "Result" 值或类似的处理。在第一种情况下，对易出错的函数的每次调用都应跟随一个问号，以传播错误情况。"main" 函数（或辅助线程的启动函数）不能是易出错的函数，因此，在调用链的某个点上，"Result" 值应有一个 "match" 语句。

17.6　写入控制台

我们在几乎所有编写的程序片段中都写入了控制台，但是我们始终使用 "print" 或 "println" 宏，这些宏是使用标准库函数实现的。但是，也可以直接使用库函数将一些文本打印到控制台。

```
use std::io::Write;
//ILLEGAL: std::io::stdout().write("Hi").unwrap();
//ILLEGAL: std::io::stdout().write(String::from("Hi")).unwrap();
std::io::stdout().write("Hello ".as_bytes()).unwrap();
std::io::stdout().write(String::from("world").as_bytes()).unwrap();
```

这将打印："Hello world"。

"stdout" 标准库函数返回当前进程的标准输出流的句柄。在该句柄上，可以应用 "write" 函数。

但是，"write" 函数不能直接打印静态或动态字符串，当然也不能打印数字或一般复合对象。

"write" 函数获取 "&[u8]" 类型的参数，该参数是对字节切片的引用。这样的字节作为 UTF-8 字符串打印到控制台。因此，如果要打印不是 UTF-8 格式的字节切片的对象，则首先必须将其转换为此类对象。

要将静态字符串和动态字符串都转换为对字节切片的引用，可以使用 "as_bytes" 函数。该函数仅返回字符串的第一个字节的地址，以及字符串对象使用的字节数。这样的值已经包含在字符串对象的标头中，因此此函数非常高效。

最后，请注意，"write" 函数返回 "Result" 类型值，即它是一个易出错的函数。如果你确定它不会出错，则最好在其返回值上调用 "unwrap" 函数。

17.7　将值转换为字符串

如果要打印另一种值的文本表示形式，则可以尝试使用为所有基本类型定义的 "to_string" 函数。

```
let int_str: String = 45.to_string();
let float_str: String = 4.5.to_string();
let bool_str: String = true.to_string();
print!("{} {} {}", int_str, float_str, bool_str);
```

这将打印："45 4.5 true"。

"to_string" 函数分配一个 String 对象，该对象的标头在栈中，内容在堆中。因此，它不是非常高效。

17.8　文件输入 / 输出

除了对控制台的读写外，在 Rust 中，读写二进制和文本顺序文件也很容易。

```
use std::io::Write;
let mut file = std::fs::File::create("data.txt").unwrap();
file.write_all("eè€".as_bytes()).unwrap();
```

第二行调用 "create" 函数，在文件系统的当前文件夹中创建一个名为 "data.txt" 的文件。该函数是易出错的，并且，如果成功创建了文件，它将返回刚刚创建的文件的文件句柄。

最后一行调用 "write_all" 函数在新创建的文件中写入一些字节。保存的字节是代表字符串 "eè€" 的六个字节。

假设在当前目录中有一个通过运行上一个程序刚创建的名为 "data.txt" 的文本文件，则可以通过运行以下程序来读取该文件。

```
use std::io::Read;
let mut file = std::fs::File::open("data.txt").unwrap();
let mut contents = String::new();
file.read_to_string(&mut contents).unwrap();
print!("{}", contents);
```

该程序将打印："eè€"。

第二行调用 "open" 函数以在当前文件夹中打开一个名为 "data.txt" 的现有文件。如果该文件不存在，或者由于某种原因无法访问，则此函数失败。如果成功，则将该文件的文件句柄赋给 "file" 变量。

第四行在 "file" 句柄上调用 "read_to_string" 函数，以将该文件的所有内容读入字符串变量，并通过引用传递给可变对象。

最后一行将刚刚从文件读取的内容打印到控制台。

因此，现在你可以将文件复制到另一个文件中。但是，如果文件很大，则无法在写入之前将其所有内容都加载到字符串中。需要一次读写一部分。但是，读取和写入一小部分效率不高。

下面是一个复制文件的高效程序。

```
use std::io::Read;
use std::io::Write;
let mut command_line: std::env::Args = std::env::args();
command_line.next().unwrap();
let source = command_line.next().unwrap();
let destination = command_line.next().unwrap();
let mut file_in = std::fs::File::open(source).unwrap();
let mut file_out = std::fs::File::create(destination).unwrap();
let mut buffer = [0u8; 4096];
loop {
    let nbytes = file_in.read(&mut buffer).unwrap();
    file_out.write(&buffer[..nbytes]).unwrap();
    if nbytes < buffer.len() { break; }
}
```

必须通过两个命令行参数启动该程序。第一个是源文件的路径，第二个是目标文件的路径。

第三行到第六行将第一个参数的内容分配给 "source" 变量，将第二个参数的内容分配给 "destination" 变量。

接下来的两行打开这两个文件。首先，打开源文件，然后将新句柄分配给 "file_in" 变量。然后，创建目标文件（或将其截断，如果已经存在），并将新句柄分配给 "file_out" 变量。

然后在栈中分配一个 4096 字节的缓冲区。

最后，循环反复从源文件中读取 4096 字节的块并将其写入输出文件。读取的字节数自动等于缓冲区的长度。但是，如果文件的剩余部分不够长，则读取的字节小于 4096，甚至为零。

因此，将读取的字节数放入 "nbytes" 变量中。

对于大于 4096 字节的文件，在第一次迭代时，读取的字节数为 4096，因此将需要一些额外的迭代。对于较小的文件，一个迭代就足够了。

在任何情况下，缓冲区都将写入文件，直到写入读取的字节数为止。因此，缓冲区的分片将占用从开始到读取的字节数。

然后，如果读取的字节数小于缓冲区的长度，则循环将终止，因为已到达输入文件的末尾。否则，循环将继续其他迭代。

请注意，无须显式关闭文件。一旦文件句柄退出其作用域，文件就会自动关闭，保存并释放所有内部临时缓冲区。

17.9 处理文本文件

我们看到了如何顺序读取或写入任意数据文件。

但是，当文件包含原始文本（例如程序源文件）时，一次处理一行更为方便。

例如，如果要计算一个文本文件中有多少行，其中有多少行是空行或仅包含空白，则可以编写以下程序：

```rust
let mut command_line = std::env::args();
command_line.next();
let pathname = command_line.next().unwrap();
let counts = count_lines(&pathname).unwrap();
println!("file: {}", pathname);
println!("n. of lines: {}", counts.0);
println!("n. of empty lines: {}", counts.1);

fn count_lines(pathname: &str)
-> Result<(u32, u32), std::io::Error> {
    use std::io::BufRead;

    let f = std::fs::File::open(pathname)?;
    let f = std::io::BufReader::new(f);
    let mut n_lines = 0;
    let mut n_empty_lines = 0;
    for line in f.lines() {
        n_lines += 1;
        if line?.trim().len() == 0 {
            n_empty_lines += 1;
        }
    }
    Ok((n_lines, n_empty_lines))
}
```

如果将此程序（通常包含在 "main" 函数中）保存在名为 "countlines.rs" 的文件中，然后进行编译，并使用参数 "countlines.rs" 运行，则将输出：

```
file: countlines.rs
n. of lines: 26
n. of empty lines: 2
```

在第一行中，对 "args" 的调用将获取命令行迭代器，并将其存储在 "command_line" 变量中。

在第二行中，第零个命令行参数被丢弃。

在第三行中，使用第一个命令行参数并将其分配给 "pathname" 变量。如果没有这样的参数，该程序就会发生紧急情况。

在第四行中，调用稍后定义的 "count_lines" 函数，并向其传递对要读取的文件的路径名的引用。这是一个易出错的函数。如果成功，它返回两个值的元组：读取文件中的总行数，以及行为空或仅包含空格的行数。这个数对将赋给 "counts" 变量。

第五、第六和第七行是打印语句。

从第九行开始，是 "count_lines" 函数的声明。它获取一个字符串切片作为参数，并返回一个 "Result"，在成功的情况下是一对 "u32" 数字，在失败的情况下是一个标准 I/O 错误。

调用 "open" 函数来获取由作为参数接收的路径名所指示的文件句柄。它后面的问号表示，如果 open 函数失败，则 "count_lines" 函数立即返回由 "open" 函数返回的相同错误代码。

默认情况下，不对文件执行缓冲的操作。如果不需要缓冲，或者希望应用自己的缓冲，那是最佳选择。但是如果你喜欢缓冲流，你可以从 "raw" 文件句柄创建 "BufReader" 对象。由于文本行通常比最佳 I/O 缓冲区短得多，因此在读取文本文件时使用缓冲的输入流会更有效。创建 "BufReader" 对象后，不再需要显式使用 "File" 对象，因此可以将新创建的对象分配给另一个名为 "f" 的变量，这样它将覆盖先前存在的变量。

然后，声明并初始化两个计数器 "n_lines" 和 "n_empty_lines"。

然后是文件内容的循环。"BufReader" 类型提供 "lines" 函数，该函数返回文件中包含的行的迭代器。注意，Rust 迭代器是惰性的。也就是说，永远不会有内存结构包含所有的行，但是每次迭代器要求输入一行时，它都会向文件缓冲读取器请求一行，然后提供获得的行。因此，在每次迭代中，"for" 循环将下一行放入 "line" 变量中并执行循环块。

但是任何文件读取都可能失败，因此 "line" 不是一个简单的字符串。它的类型是 "Result<String, std::io::Error>"。因此，使用它时，"line" 后跟一个问号，以获取其字符串值或返回 I/O 错误。

在循环体中，"n_lines" 计数器在任何行上都加一，而 "n_empty_lines" 仅在通过调用 "trim" 从行中删除任何前导或尾随空格后的行长度为零时才加一。

最后一条语句返回成功值："Ok"。该值的数据是两个计数器。

第 18 章

使用 trait

在本章中，你将学习：

❏ trait 在调用泛型函数时如何避免无法理解的编译器错误消息

❏ 泛型参数的边界是整体的，或者可以划分为几个 trait 的边界

❏ trait 如何为其包含的函数创建作用域

❏ 如何使用 "self" 关键字创建可以使用"点表示法"以更简单的语法调用的函数

❏ 如何使用标准库 trait，例如 "Display" trait

❏ 迭代只是一个 trait

❏ 如何定义类型别名

❏ 如何定义泛型迭代器

❏ 如何使用关联类型来简化泛型迭代器的使用

❏ 如何定义自己的迭代器

18.1 对 trait 的需求

假设我们需要一个函数来计算数学上的四次根，即"四次方根"。利用 sqrt 标准库函数来计算要应用的数字的平方根，我们可以编写：

```
fn quartic_root(x: f64) -> f64 { x.sqrt().sqrt() }
let qr = quartic_root(100f64);
print!("{} {}", qr * qr * qr * qr, qr);
```

这将打印："100.00000000000003 3.1622776601683795"。

但是我们可能还需要一个函数来计算 32 位浮点数的四次根，而不将其强制转换为 f64 类型。利用 f32 也具有 sqrt 函数这一事实，我们可以编写：

```
fn quartic_root_f64(x: f64) -> f64 { x.sqrt().sqrt() }
fn quartic_root_f32(x: f32) -> f32 { x.sqrt().sqrt() }
print!("{} {}",
    quartic_root_f64(100f64),
    quartic_root_f32(100f32));
```

这将打印："3.1622776601683795 3.1622777"。

但是，我们可以尝试编写一个泛型函数，而不是编写一系列仅在参数和变量类型方面不同的相似函数：

```
fn quartic_root<Number>(x: Number) -> Number {
    x.sqrt().sqrt()
}
print!("{} {}",
    quartic_root(100f64),
    quartic_root(100f32));
```

但是此代码是非法的，会产生编译错误 "no method named `sqrt` found for type `Number` in the current scope(在当前范围内未找到类型为 Number 的名为 sqrt 的方法)"。也就是说，在表达式 "x.sqrt()" 中，表达式 "x" 属于泛型类型 "Number"，而该类型没有 sqrt 适用函数。实际上，类型 Number 是刚定义的，因此几乎没有适用的函数。

在这方面，Rust 与 C++ 不同。使用 C++ 语言，我们可以编写以下代码，其中函数模板与我们的泛型函数相对应：

```
#include <iostream>
#include <cmath>

template <typename Number>
Number quartic_root(Number x) {
    return sqrt(sqrt(x));
}
int main() {
    std::cout << quartic_root((float)100)
        << " " << quartic_root((double)100);
}
```

即使在 C++ 代码中，"Number" 泛型类型在编译器首次遇到 "sqrt" 调用时也没有适用的函数，因此编译器无法知道是否允许这种语句。但是，当遇到 "quartic_root" 函数的两个调用时，两个具体函数 "quartic_root<float>" 和 "quartic_root<double>" 由编译器生成。这称为"泛型函数实例化"或"函数单态化"。此类实例检查对于 "float" 和 "double" 具体类型，"sqrt" 函数是否适用。

C++ 解决方案的缺点在发生编程错误时会出现，例如：

```
#include <iostream>
#include <cmath>

template <typename Number>
Number quartic_root(Number x) {
    return sqrt(sqrt(x));
}

int main() {
    std::cout << quartic_root("Hello");
}
```

当 C++ 编译器尝试实例化 "const char *" 类型（即表达式 "Hello" 的类型）的 "quartic_root" 函数时，它需要生成签名为 "sqrt(const char*)" 的函数调用。但是没有这样的函数声明，因此编译器发出抱怨缺少函数的编译错误。

缺点是通常 "quartic_root" 函数声明是由一个开发人员（或开发人员组织）编写的，而该函数的调用是由另一开发人员（或开发人员组织）编写的。传递字符串而不是数字来调用函数的开发人员想获得一条错误消息，例如"在第 10 行调用 quartic_root 时，你不能传递字符串"，相反，在 C++ 中，你必定会收到类似"在第 6 行，你不能将 sqrt 应用于 Number 上，而在第 10 行调用此函数时，其中 Number 是字符串"的错误信息。

如果你不知道如何实现 quartic_root，则 C++ 消息会有些晦涩。这是一个非常简单的例子。在实际的 C++ 代码中，泛型函数调用中有关类型错误的错误消息往往非常模糊，因为它们谈论的是属于库的实现而不是其接口的变量、函数和类型。要理解它们，仅了解 API 是不够的，还需要了解整个库的实现。

18.2 trait 的补救

在像这样的简单情况下，避免这种缺点的 Rust 技术比 C++ 技术要复杂得多，但是对于更复杂的情况（例如现实世界的软件），它会创建更清晰的错误消息。

```
trait HasSquareRoot {
    fn sq_root(self) -> Self;
}
impl HasSquareRoot for f32 {
```

```
    fn sq_root(self) -> Self { f32::sqrt(self) }
}
impl HasSquareRoot for f64 {
    fn sq_root(self) -> Self { f64::sqrt(self) }
}
fn quartic_root<Number>(x: Number) -> Number
where Number: HasSquareRoot {
    x.sq_root().sq_root()
}
print!("{} {}",
    quartic_root(100f64),
    quartic_root(100f32));
```

这将打印："3.1622776601683795 3.1622777"。

第一条语句是名为 "HasSquareRoot" 的 trait 的声明，其中包含名为 "sq_root" 的函数的签名。Rust trait 是函数签名的容器（container），在本例下，它仅包含一个签名。trait 的含义是使用某些函数的能力。"HasSquareRoot" trait 的含义是：可以在具有 "HasSquareRoot" 的每种类型（或者通常所说的满足 "HasSquareRoot" trait 的每种类型）上调用 "sq_root" 函数。

但是哪些类型满足 "HasSquareRoot" trait？没有类型满足，因为我们只是定义了它，除了已声明满足它的类型外，任何类型都不满足任何 trait。

因此，上例中的接下来两个语句使 "f32" 和 "f64" 类型满足该 trait。换句话说，使用这些 "impl" 语句，可以将调用 "sq_root" 函数的功能赋予 "f32" 和 "f64" 类型。为此，引入了另一种语句，其中 "impl" 关键字是"实现"（implementation）的简写。

这些 "impl" 语句意味着此处的 "HasSquareRoot" trait（仅是编程接口或 API）已通过指定的代码针对指定的类型实现。当然，"impl" 语句中包含的函数签名与先前的 "trait" 语句中包含的签名相同，但它们也有一个语句体，因为它们是此类签名的实现。用 C++ 术语来讲，它们是先前函数声明的定义。

Rust trait 类似于 Java 或 C # 中的接口（interface），或者类似于没有数据成员的抽象类。

由于前三个语句，我们有了一个新的 trait 和两个现在实现了这种 trait 的现有类型。

第四个语句是 "quartic_root" 泛型函数的声明，该声明由 "Number" 泛型类型进行参数化。但是，这样的声明有一个新的部分：签名的末尾有子句 "where Number: HasSquareRoot"。这样的子句称为" trait 绑定"，是函数签名的一部分。字面意思是 "Number" 泛型类型必须实现 "HasSquareRoot" trait。

函数签名是调用函数的代码与函数体中的代码之间的一种约定，因此，它们的

"where" 子句是该约定的一部分。

对于调用该函数的代码，此类 "where" 子句的意思是"调用此函数时，必须确保为 Number 类型参数传递的类型实现 HasSquareRoot trait"。例如，"100f32" 和 "100f64" 表达式分别是 "f32" 和 "f64" 类型，并且这两种类型都实现了 "HasSquareRoot" trait，因此它们是有效的参数。但是，如果将程序的最后一行替换为 "quartic_root("Hello"));"，则表达式 "Hello" 的类型（即 "&str"）没有实现 "HasSquareRoot" trait，因此违反了约定。实际上，会收到编译错误 "the trait bound `&str: main::HasSquareRoot` is not satisfied"（trait 绑定 `&str: main::HasSquareRoot` 未被满足）。

尝试计算字符串的四次根是没有意义的，但是即使将程序的最后一行替换为 "quartic_root(81i32));"，也会出现编译错误。它的消息是 "the trait bound `i32: main::HasSquareRoot` is not satisfied"（trait 绑定 `i32: main::HasSquareRoot` 未被满足）。这是因为尚未为 i32 类型实现 "HasSquareRoot" trait，无论这种操作是否合理。如果你认为这样的 trait 对于其他类型是值得的，则可以为它们实现。

相反，如果在函数体中的代码中看到这种约定，则 "where" 子句的意思是"在调用此函数时，请确保传递给 "Number" 类型参数的类型可以实现 "HasSquareRoot" trait，因此你可以使用属于该 trait 的每个函数，但不能使用其他函数"。例如，在函数体中，"x.sq_root()" 表达式有效，因为 "x" 表达式是 "Number" 泛型类型，并且声明了这种类型以实现 "HasSquareRoot" trait，该 trait 包含 "sq_root" 函数，因此此类函数可用于 "x" 变量。但是，如果用 "x.abs()" 替换该函数体，如果 "x" 是 "f64" 或 "f32" 类型，那将是一个不合法的语句，会出现编译错误："no method named `abs` found for type `Number` in the current scope"（在当前作用域中为 "Number" 类型未找到名为 "abs" 的方法）。这意味着泛型类型为 "Number" 的 "x" 表达式无法调用 "abs" 函数。实际上，在函数体内，不知道 "x" 是 "f64" 还是 "f32"。它只是一个 "Number"，而 "Number" 所能做的就是 "HasSquareRoot" trait 中包含的内容（即 "sq_root" 函数）。

18.3 没有 trait 界限的泛型函数

在泛型函数的声明中，如果没有 "where" 子句，或者在 "where" 子句中未引用类型参数，则该类型没有与任何 trait 关联，因此只能对该泛型类型的对象做很少的事情。你只能这样做：

```
fn _f1<T>(a: T) -> T { a }
fn _f2<T>(a: T) -> T {
    let b: T = a;
    let mut c = b;
    c = _f1(c);
    c
}
fn _f3<T>(a: &T) -> &T { a }
```

使用无界类型参数 "T" 的值，你只能：

❑ 通过值或引用将其作为函数参数传递；

❑ 通过值或引用从函数返回它；

❑ 对局部变量声明、初始化或赋值。

相反，即使是以下简单的代码也会导致编译错误：

```
fn g(a: i32) { }
fn f<T>(a: T) -> bool {
    g(a);
    a == a
}
```

第三行是非法的，因为 "g" 需要一个具有 "i32" 类型的值，而 "a" 可以具有任何类型。第四行是非法的，因为 "T" 类型可能无法比较相等性。

因此，泛型函数的类型参数上的 trait 界限几乎总是被使用的。

下面程序中使用了非常重要的泛型标准库函数的极少数情况，该函数不需要 trait 界限：

```
let mut a = 'A';
let mut b = 'B';
print!("{}, {}; ", a, b);
std::mem::swap(&mut a, &mut b);
print!("{}, {}", a, b);
```

它将打印："A, B; B, A"。

"swap" 泛型函数可以交换任何两个具有相同类型的对象的值。它的签名是："fn swap<T>(x: &mut T, y: &mut T)"。

18.4 trait 作用域

我们的 trait 包含一个名为 "sq_root" 的函数，以使其与 "sqrt" 标准库函数不同。"sq_root" 函数的两个实现使用标准库 "sqrt" 函数，但是它们是其他函数。然而，我们也可以将该函数命名为 "sqrt"，以获得等效的合法程序：

```
fn sqrt() {}
trait HasSquareRoot {
    fn sqrt(self) -> Self;
}
impl HasSquareRoot for f32 {
    fn sqrt(self) -> Self { f32::sqrt(self) }
}
impl HasSquareRoot for f64 {
    fn sqrt(self) -> Self { f64::sqrt(self) }
}
fn quartic_root<Number>(x: Number) -> Number
where Number: HasSquareRoot {
    x.sqrt().sqrt()
}
sqrt();
print!("{} {}",
    quartic_root(100f64),
    quartic_root(100f32));
```

请注意，现在我们对名称 "sqrt" 有四种不同的用法：

❑ 第六行中使用的 "f32::sqrt" 是指在标准库中声明的函数，该函数与 "f32" 类型
相关联。它计算具有 "f32" 类型的值的平方根，并返回具有 "f32" 类型的值。

❑ 第九行中使用的 "f64::sqrt" 是指在标准库中声明的函数，该函数与 "f64" 类型
相关联。它计算具有 "f64" 类型的值的平方根，并返回具有 "f64" 类型的值。

❑ "fn sqrt(self) -> Self" 是 "HasSquareRoot" trait 的方法，并且实现该 trait 的
所有类型都必须具有相同签名的方法。它的签名在第三行中声明，在第六和第九行
中实现。

❑ "fn sqrt()" 是 "HasSquareRoot" trait 之外的局部函数，与此 trait 无关。它在第
一行中声明，并在第十五行中调用。顺便说一句，它什么都不做。

你知道 Rust 不允许在相同范围内具有两个相同名称的函数。但是，上面的代码是有效
的，这意味着这四个具有相同名称的函数属于四个不同的作用域。

18.5 多函数 trait

如果在上一个示例中，我们将表达式 "100f64" 和 "100f32" 替换为 "-100f64" 和
"-100f32"，程序将打印 "NaN NaN"。"NaN" 文本表示 " Not a Number"（不是数字），这是
尝试计算负浮点数的平方根的标准结果。

假设我们需要一个函数来计算浮点数的绝对值的四次根。我们可以选择使用标准库的
"abs" 函数来计算绝对值，或者检查参数是否为负，然后在这种情况下使用其相反数。

在第一种情况下，我们的 "Number" 泛型类型还需要 "abs" 函数。因此可以编写以下程序：

```
trait HasSqrtAndAbs {
    fn sqrt(self) -> Self;
    fn abs(self) -> Self;
}
impl HasSqrtAndAbs for f32 {
    fn sqrt(self) -> Self { f32::sqrt(self) }
    fn abs(self) -> Self { f32::abs(self) }
}
impl HasSqrtAndAbs for f64 {
    fn sqrt(self) -> Self { f64::sqrt(self) }
    fn abs(self) -> Self { f64::abs(self) }
}
fn abs_quartic_root<Number>(x: Number) -> Number
where Number: HasSqrtAndAbs {
    x.abs().sqrt().sqrt()
}
print!("{} {}",
    abs_quartic_root(-100f64),
    abs_quartic_root(-100f32));
```

这将打印："3.1622776601683795 3.1622777"。

相对于先前程序的修改如下。首先，已删除了无用的独立 "sqrt" 函数。

然后，在 trait 声明中，添加了 "abs" 函数的签名。然后，已经为 "f32" 和 "f64" 类型实现了 "abs" 函数。

这样的实现调用 "f32" 和 "f64" 类型的 "abs" 函数。

然后，trait 名称的四次出现都已修改为 "HasSqrtAndAbs"，以阐明其新用途。

然后，在泛型函数中，在两次调用 "sqrt" 之前，将 "abs" 函数应用于 x 参数。

然后，将泛型函数名称的三次出现修改为 "abs_quartic_root"，以阐明其新用途。

然后，"abs_quartic_root" 的两个调用的参数变为负数。

通过此解决方案，你可以轻松地将函数调用添加到泛型函数定义中，但是它有一个缺点。

如果省略 "f64" 的 "abs" 实现，则会得到编译错误 "not all trait items implemented, missing: `abs`（不是所有的 trait 项都实现，缺少：`abs`）"。另一方面，如果添加名为 "exp" 的函数的实现，则会出现编译错误 "method `exp` is not a member of trait `HasSqrtAndAbs`（方法 `exp` 不是 trait `HasSqrtAndAbs` 的成员）"。因此，每个 "impl" 块都必须具有与要实现的特型相同的签名：不能多，不能少，也不能不同。

有时，一些函数是严格耦合的，因此，每当需要其中一个函数时，无论如何都应实现所有函数。但是，如果在某些泛型函数中要使用具有 "sqrt" 函数而不具有 "abs" 函数的类型，或者相反，该怎么办？你甚至被迫实现不需要的函数。

为了避免这种情况，可以声明一个新 trait，获得以下等效程序：

```rust
trait HasSquareRoot {
    fn sqrt(self) -> Self;
}
impl HasSquareRoot for f32 {
    fn sqrt(self) -> Self { f32::sqrt(self) }
}
impl HasSquareRoot for f64 {
    fn sqrt(self) -> Self { f64::sqrt(self) }
}
trait HasAbsoluteValue {
    fn abs(self) -> Self;
}
impl HasAbsoluteValue for f32 {
    fn abs(self) -> Self { f32::abs(self) }
}
impl HasAbsoluteValue for f64 {
    fn abs(self) -> Self { f64::abs(self) }
}
fn abs_quartic_root<Number>(x: Number) -> Number
where Number: HasSquareRoot + HasAbsoluteValue {
    x.abs().sqrt().sqrt()
}
print!("{} {}",
    abs_quartic_root(-100f64),
    abs_quartic_root(-100f32));
```

在这里，trait "HasSquareRoot" 是原始 trait，但新的 "HasAbsoluteValue" trait 已经声明了并为 "f32" 和 "f64" 实现了。

此外，"abs_quartic_root" 函数的声明的 "where" 子句还多了一个 "Number" 类型参数的 trait 界限：除了 "HasSquareRoot" trait 外，还添加了 "HasAbsoluteValue"。这两个 trait 用加号分隔。

此 trait 界限将两个 trait 的功能添加到 "Number" 的功能中。这样，你可以为泛型类型选择所需的 trait。

18.6　方法

我们已经看到有两种可能的语法来调用函数："f(x，y)" 和 "x.f(y)"。第一个是"函数"语法，第二个是"面向对象"语法。以前，我们使用函数语法调用标准库的某些函数，例如 String::new() 或 String::from("")，以及其他使用"面向对象"语法的函数，例如 "abcd".to_string()、"abcd".len()、vec![0u8;0].push(7u8)。"面向对象"语法通常称为"点表示法"，它类似于访问元组、元组结构和结构的字段的语法。

但是，可以使用点表示法来调用的任何函数也可以使用函数表示法来调用。

```
print!("{},", "abcd".to_string());
print!("{},", [1, 2, 3].len());
let mut v1 = vec![0u8; 0];
v1.push(7u8);
print!("{:?}; ", v1);

print!("{},", std::string::ToString::to_string("abcd"));
print!("{:?},", <[i32]>::len(&[1, 2, 3]));
let mut v2 = vec![0u8; 0];
Vec::push(&mut v2, 7u8);
print!("{:?}", v2);
```

这将打印："abcd,3,[7]; abcd,3,[7]"。首先，使用点表示法调用三个函数：to_string、len 和 push。然后，使用函数表示法调用相同的函数。

请注意，将点表示法转换为函数表示法时，应用了该函数的对象将成为附加的第一个参数。第一个参数必须用可能需要的解引用符号（&）或可变关键字（mut）或两者修饰，在点表示法中是隐式的。

另外，存在作用域界定的问题。在标准库中，有多个名为 to_string、len 或 push 的函数。使用点表示法，将自动选择适当的函数。相反，使用函数表示法必须显式地编写函数作用域。在示例中，to_string 函数在 std::string::ToString 作用域内，len 函数在 <[i32]> 作用域内，而 push 函数在 Vec 作用域内。

点表示法在简化代码方面看起来是如此出色，以至于你可能希望将其用于声明的函数。如果要声明一个返回给定数字的两倍的函数，可以编写：

```
fn double(x: i32) -> i32 {
    x * 2
}
print!("{}", double(7i32));
```

这将打印："14"。

因此，你可能希望把它写成：

```
fn double(x: i32) -> i32 {
    x * 2
}
print!("{}", 7i32.double());
```

但是这段代码会产生编译错误 "no method named `double` found for type `i32` in the current scope"（在当前作用域内找不到类型为 i32 的名为 double 的方法）。

这是因为只能使用函数语法调用我们在本章之前声明的函数。点表示法仅可用于调用声明为 trait 实现的函数。遵循"面向对象"的术语，此类函数称为"方法"。

要允许点表示法，可以编写：

```rust
trait CanBeDoubled {
    fn double(self) -> Self;
}
impl CanBeDoubled for i32 {
    fn double(self) -> Self {
        self * 2
    }
}
print!("{}", 7i32.double());
```

这将打印："14"。

trait 的名称（CanBeDoubled）是任意的。通常，如果一个 trait 仅包含一个函数，则该 trait 名称使用 Pascal 大小写方法包含该函数名称。按照这个约定，它必须命名为 Double。

这段代码的意思就是这样。

声明为某些类型提供一个新功能。它具有计算此类对象的两倍的能力，因此被命名为 CanBeDoubled。对于类型，拥有这种功能意味着有一个名为 double 的函数可以获取这种类型的值（self），它可以返回相同类型的值（Self）。不能保证该返回值无论如何都是参数的"两倍"。

引入了此 trait 后，仍然没有类型具有这种能力。

然后，声明 i32 类型具有这种功能，即它具有 double 函数，并且提供了用于该函数的函数体。

现在，尽管表达式 7u32.double() 和 7i64.double() 仍然无效，但表达式 7i32.double() 表示表达式 i32::double(7i32) 的简写。在编译这样的表达式时，编译器会在 i32 类型支持的运算中搜索 double 运算，然后找到使用适当的签名的运算。

18.7 "self" 和 "Self" 关键字

在上一节中，我们找到了两个新的关键字："self" 和 "Self"（请记住 Rust 区分大小写）。

在语句 "trait CanBeDoubled { fn double(self) -> Self; }" 中，"self" 表示将应用 "double" 方法的值，无论它是哪个值，"Self" 表示 "self" 的类型。

因此，"self" 一词是方法的伪参数，而 "Self" 一词代表此类参数的类型。因此，"self" 和 "Self" 只能在"trait 或 impl 块"内部使用，并且 "self"（如果存在）必须是方法的第一个参数。

在 "impl CanBeDoubled for i32" 块中，以下六行等效：

```
fn double(self) -> Self {
fn double(self: Self) -> Self {
fn double(self: i32) -> Self {
fn double(self) -> i32 {
fn double(self: Self) -> i32 {
fn double(self: i32) -> i32 {
```

前三行返回 "Self" 类型的值；但是我们正在实现 "i32" 类型的 trait，因此 "Self" 就是 "i32"，因此可以在最后三行中用 "i32" 替换 "Self"，其含义相同。

第一和第四行获取带有隐式类型的参数 "self"；但是根据定义，"self" 的类型是 "Self"，因此我们可以在第二行和第五行中将其显式化；但在此 "impl" 块中，"Self" 为 "i32"，因此我们可以在第三行和第六行中用 "i32" 替换 "Self"，其含义相同。

在这六个版本中，最常用的是第一个，因为它是最紧凑和通用的版本。

在 "double" 函数的函数体中，同时允许"self"和"Self"关键字。不需要使用 "Self"，但使用 "self" 将值乘以 2。

让我们来看另一个例子。

我们希望能够编写表达式 "foobarbaz".letters_count('a') 来计算字符串中有多少个字符，并因此返回 2。可以通过如下方式做到这一点：

```
trait LettersCount {
    fn letters_count(&self, ch: char) -> usize;
}
impl LettersCount for str {
    fn letters_count(&self, ch: char) -> usize {
        let mut count = 0;
        for c in self.chars() {
            if c == ch {
                count += 1;
            }
        }
        count
    }
}
```

```
print!("{} ", "".letters_count('a'));
print!("{} ", "ddd".letters_count('a'));
print!("{} ", "ddd".letters_count('d'));
print!("{} ", "foobarbaz".letters_count('a'));
```

这将打印："0 0 3 2"。

因为要使用点表示法，所以我们首先声明一个 trait，其名称是从函数名称派生的。此函数将需要两个参数：要搜索的字符串切片和要查找的字符。但是我们不想将字符串切片的副本作为参数传递；而只想传递一个字符串切片引用，因此将参数声明为 "&self"，以便 "self" 是具有任意长度的字符串切片，而 "&self" 是具有一对指针大小的字符串切片引用。

返回值是 "usize"，表示非负的大而有效的无符号整数。

然后，为字符串切片类型 "str" 实现该 trait。在这里，我们不需要 "Self" 关键字。实现体使用命令式风格。它扫描由 "chars" 函数返回的迭代器提供的所有字符，每当遇到与我们所查找字符的相等字符时，计数器会加一。计数器的结果值是期望的结果。

注意，如果我们选择了函数式风格，会得到一个短得多的程序。实际上，该函数的整个函数体可以等效地用下一行代替。

```
self.chars().filter(|c| *c == ch).count()
```

18.8   标准 trait

从本书的第一章中我们可以看到，在使用 "print""println" 和 "format" 宏时，只能将 "{}" 占位符用于支持它的类型，而用于其他类型应该使用 "{:?}" 占位符，这主要用于调试目的。

但是，为何某些类型支持 "{}" 占位符而另一些却不支持呢？以及如何使自己的类型支持该占位符呢？

实际上，在内部，这些宏使用 "std::fmt::Display" 标准库 trait 指定的 "fmt" 函数。所有基本类型都实现了该 trait，如果对你的类型实现此 trait，则可以获得相同的结果。

```
struct Complex {
    re: f64,
    im: f64,
}
impl std::fmt::Display for Complex {
    fn fmt(&self, f: &mut std::fmt::Formatter) -> std::fmt::Result {
        write!(
            f,
```

```
                "{} {} {}i",
                self.re,
                if self.im >= 0. { '+' } else { '-' },
                self.im.abs()
            )
        }
    }
    let c1 = Complex { re: -2.3, im: 0. };
    let c2 = Complex { re: -2.1, im: -5.2 };
    let c3 = Complex { re: -2.2, im: 5.2 };
    print!("{}, {}, {}", c1, c2, c3);
```

这将打印："-2.3 + 0i, -2.1 - 5.2i, -2.2 + 5.2i"。

在标准库中，有许多 trait，以及它们针对基本类型的许多实现。

18.8.1　"Iterator" trait

一种特别有趣的标准库 trait 是 "Iterator"（迭代器）。让我们看看它解决了哪些问题。

你可以编写一个函数，给定一个范围，如果此范围至少包含三个项，则返回其第三项；
如果没有足够的项，则什么都不返回。

```
    fn get_third(r: std::ops::Range<u32>) -> Option<u32> {
        if r.len() >= 3 {
            Some(r.start + 2)
        } else {
            None
        }
    }
    print!("{:?} {:?}", get_third(10..12), get_third(20..23));
```

这将打印："None Some(22)"。

你还可以编写一个函数，给定一个切片，如果此切片至少包含三个项，则返回其第三
项；如果没有足够的项，则什么都不返回。

```
    fn get_third(s: &[f64]) -> Option<f64> {
        if s.len() >= 3 {
            Some(s[2])
        } else {
            None
        }
    }
    print!("{:?} {:?}",
        get_third(&[1.0, 2.0]),
        get_third(&[1.1, 2.1, 3.1]));
```

这将打印："None Some(3.1)"。

这两个程序非常相似。但是使用迭代器，应该有可能编写一个泛型函数，给定一个迭代器，如果它可以产生至少三个项，则返回其产生的第三个项；如果不能产生足够的项，则什么都不返回。然后，你可以应用此函数来替换前面的两个程序，因为范围只是一个迭代器，而对切片可以进行迭代。

但是，如果你尝试编译以下程序，

```rust
fn get_third<Iter, Item>(mut iterator: Iter) -> Option<Item> {
    iterator.next();
    iterator.next();
    iterator.next()
}
print!("{:?} {:?}",
    get_third(0..9),
    get_third([11, 22, 33, 44].iter()));
```

则会遇到好几个编译错误。

这个主意似乎很好。我们要编写一个能参数化两种类型的参数的函数，分别是迭代器 "Iter" 和由此类迭代器产生的项 "Item"。参数是一个迭代器，返回值是一个可选的产生的项。

函数体调用迭代器 "next" 函数三次以产生三个项，它丢弃前两项，并返回第三次调用返回的值。

然后，两次调用 "get_third" 函数：一次调用范围，另一次调用数组迭代器。

此代码的编译错误有两种：

❏ "iterator" 变量是未绑定的，因此没有 "next" 函数。当我们看到 "get_third" 函数的调用时，它的参数是迭代器，因此它们具有 "next" 函数。但是，Rust 需要通过仅检查函数声明，而不检查函数调用来知道可以在泛型参数的对象上调用哪些函数。

❏ 查看 "get_third" 的调用，无法推断出泛型参数 "Item" 的类型，因为没有把具有该类型的表达式作为参数传递。

关于第一种错误，应注意，Rust 语言未定义"迭代器"概念。Rust 标准库通过标准 trait（"Iterator" trait）定义了此概念。在关于迭代器的章节中，当我们说迭代器是具有 "next" 函数的所有事物时，意思是说迭代器是实现 "Iterator" 标准库 trait 的每种类型。这样的 trait 包含 "next" 函数，因此每个迭代器都必须具有该函数。

此外，不需要为迭代器实现这样的 trait，因为根据定义，每个迭代器都实现了 "Iterator" trait。只要将函数参数类型绑定到 "Iterator" trait 就足够了。

因此，第一行变为：

```
fn get_third<Iter, Item>(mut iterator: Iter) -> Option<Item>
    where Iter: std::iter::Iterator {
```

但是仍然存在第二种错误：如何确定 "Item" 类型参数的具体类型。为了解决该问题，必须引入 Rust 的 "type" 关键字。

18.8.2　"type" 关键字

假设你要编写一部分现在使用 "f32" 类型，但是将来可能会使用 "f64" 类型或其他某种类型的代码。如果在代码中穿插使用 "f32" 关键字，则当你要切换到 "f64" 类型时，应搜索并替换所有出现的代码，这很麻烦且容易出错。

你可以将代码封装在泛型函数中，但是如果该代码只是函数的一部分，或者相反，跨越多个函数，则这种解决方案将很不方便。

这种情况类似于字面量的使用。众所周知，与其在代码内部编写"魔术"字面量，不如定义命名常量，并在代码内部使用这些常量，效果更好。这样，代码的目的就变得更加清楚，并且当你想更改常量的值时，只需更改一行。

同样，别写：

```
fn f1(x: f32) -> f32 { x }
fn f2(x: f32) -> f32 { x }
let a: f32 = 2.3;
let b: f32 = 3.4;
print!("{} {}", f1(a), f2(b));
```

最好写为

```
type Number = f32;
fn f1(x: Number) -> Number { x }
fn f2(x: Number) -> Number { x }
let a: Number = 2.3;
let b: Number = 3.4;
print!("{} {}", f1(a), f2(b));
```

两个源程序生成相同的可执行程序都将打印 "2.3 3.4"。但是第二个程序以附加的语句开头。"type" 关键字引入了一个类型别名。这只是意味着只要将单词 "Number" 用作类型，它就表示 "f32" 类型。实际上，在程序的其余部分中，"f32" 的六次出现中的每一次都已被单词 "Number" 代替，后者具有相同的含义。

C 语言中相应的构造是使用 "typedef" 关键字。

这样的构造不会引入不同类型。它们只是为相同的类型引入新的名字。这意味着以下代码有效：

```
type Number = f32;
let a: Number = 2.3;
let _b: f32 = a;
```

变量 "_b" 为 "f32" 类型，并由变量 "a" 的值初始化，因此它们必须为同一类型。但是 "a" 被声明为 "Number" 类型，因此 "Number" 和 "f32" 必定是同一类型。

使用 "类型" 构造至少具有两个优点：

❑ 如果使用有意义的名称而不是基本类型，则类型的目的可能会更清楚。

❑ 如果在上一个程序中以后决定使用 "f64" 类型而不是 "f32" 类型，则只需要更改一处出现，而不是六处出现。

但是 "type" 关键字还有另一个重要用途。

18.8.3　泛型 trait

在之前的章节中，我们看到了泛型函数和泛型结构。不过，即使某个 trait 也可以通过一种或多种类型进行参数化（如果其某些函数需要泛型参数）。trait 的类型参数化可以通过两种非等效方式完成。

假设，如下面的伪代码所示，我们想编写一个名为 "is_present" 的泛型函数，该函数以一个泛型集合和一个数字搜索键为参数，并返回是否在该集合中找到了该键。为了完成这种功能，在集合上调用了一个名为 "contains" 的泛型方法。此类方法被声明为 "Searchable" trait 的一部分，因此，泛型 Collection 类型必须绑定到这种 trait。但是这种 trait 允许我们使用不同类型的键来执行搜索，因此该 trait 也是泛型的，将搜索键的类型作为泛型参数。在 "is_present" 函数中，trait 界限将 "u32" 类型指定为 trait 类型参数的值，因为该类型将是用于搜索集合的类型。

```
trait Searchable<Key> {
    fn contains(&self, key: Key) -> bool;
}
fn is_present<Collection>(coll: &Collection, id: u32) -> bool
where Collection: Searchable<u32>
{
    coll.contains(id)
}
```

这是使用该算法的完整有效程序：

```
trait Searchable<Key> {
    fn contains(&self, key: Key) -> bool;
}
struct RecordWithId {
    id: u32,
    _descr: String,
}
struct NameSetWithId {
    data: Vec<RecordWithId>,
}
impl Searchable<u32> for NameSetWithId {
    fn contains(&self, key: u32) -> bool {
        for record in self.data.iter() {
            if record.id == key {
                return true;
            }
        }
        false
    }
}
fn is_present<Collection>(coll: &Collection, id: u32) -> bool
where
    Collection: Searchable<u32>,
{
    coll.contains(id)
}
let names = NameSetWithId {
    data: vec![
        RecordWithId {
            id: 34,
            _descr: "John".to_string(),
        },
        RecordWithId {
            id: 49,
            _descr: "Jane".to_string(),
        },
    ],
};
print!("{} {}", is_present(&names, 48), is_present(&names, 49));
```

它将打印："false true"。

声明 "Searchable" 泛型 trait 后，将声明两个结构："RecordWithId"，表示由唯一数字标识的数据项；和 "NameSetWithId"，表示具有 "RecordWithId" 类型的项的集合。

然后，为此集合类型实现 trait。有两种实现泛型 trait 的方法：要么保持泛型，方法是编写 "impl<T> Searchable<T> for NameSetWithId {" 之类的东西；要么通过写一些诸如 "impl Searchable<u32> for NameSetWithId {" 的东西来具体化它。这里选择了第二种方式，因为以下 "contains" 的实现不仅必须特定于 "NameSetWithId" 集合类型，而且还必须特定于 "u32" 搜索键类型。

声明 "is_present" 函数之后，将构造集合对象，并最终调用 "is_present" 函数两次；在 "names" 集合中找不到键 48，但是找到了键 49。

这种解决方案有效，但有一些缺点。

第一个缺点是 "Searchable" trait 所需的实现必须特定于搜索键类型 "u32"，因此必须将其指定为类型参数值，但是在 "is_present" 函数声明的"where"子句中，将这种类型再次指定为类型参数值。这似乎是无用的重复，而且将来的类型更改需要进行两次编辑。

但是现在考虑一个更复杂的情况。

```rust
trait Searchable<Key, Count> {
    fn contains(&self, key: Key) -> bool;
    fn count(&self, key: Key) -> Count;
}
struct RecordWithId {
    id: u32,
    _descr: String,
}
struct NameSetWithId {
    data: Vec<RecordWithId>,
}
impl Searchable<u32, usize> for NameSetWithId {
    fn contains(&self, key: u32) -> bool {
        for record in self.data.iter() {
            if record.id == key {
                return true;
            }
        }
        false
    }
    fn count(&self, key: u32) -> usize {
        let mut c = 0;
        for record in self.data.iter() {
            if record.id == key {
                c += 1;
            }
        }
        c
    }
}
fn is_present<Collection>(coll: &Collection, id: u32) -> bool
where
```

```
        Collection: Searchable<u32, usize>,
{
    coll.contains(id)
}
let names = NameSetWithId {
    data: vec![
        RecordWithId {
            id: 34,
            _descr: "John".to_string(),
        },
        RecordWithId {
            id: 49,
            _descr: "Jane".to_string(),
        },
    ],
};
print!(
    "{}, {}; {} {}",
    names.count(48),
    names.count(49),
    is_present(&names, 48),
    is_present(&names, 49)
);
```

这将打印："0, 1; false true"。

此处，"Searchable" 泛型 trait 具有该函数所需的新函数签名和新类型参数。当然，"NameSetWithId" 类型的这种 trait 的实现也必须实现新函数。

不太明显的缺点是，"is_present" 泛型函数的签名还必须为新的 trait 参数指定类型。不过，此函数根本不使用该类型，所以此信息在这里没有用，但却是必需的。

18.8.4　使用关联类型简化泛型 trait 使用

实际上，通常先编写一个泛型 trait，然后只为其编写几个实现，并让这些实现绑定该 trait 的一些或所有泛型参数，然后编写许多将其泛型参数绑定到该 trait 的泛型函数。使用以上语法，所有这些函数都被迫依赖于它们不感兴趣的所有泛型参数类型。

以下程序显示了针对这些情况的更好解决方案，该程序与上一个程序等效：

```
trait Searchable { //1
    type Key; //2
    type Count; //3
    fn contains(&self, key: Self::Key) -> bool; //4
    fn count(&self, key: Self::Key) -> Self::Count; //5
}
struct RecordWithId {
```

```rust
        id: u32,
        _descr: String,
    }
    struct NameSetWithId {
        data: Vec<RecordWithId>,
    }
    impl Searchable for NameSetWithId { //6
        type Key = u32; //7
        type Count = usize; //8
        fn contains(&self, key: Self::Key) -> bool { //9
            for record in self.data.iter() {
                if record.id == key {
                    return true;
                }
            }
            false
        }
        fn count(&self, key: Self::Key) -> usize { //10
            let mut c = 0;
            for record in self.data.iter() {
                if record.id == key {
                    c += 1;
                }
            }
            c
        }
    }
    fn is_present<Collection>(
        coll: &Collection,
        id: <Collection as Searchable>::Key,//11
    ) -> bool
    Where
        Collection: Searchable, //12
    {
        coll.contains(id)
    }
    let names = NameSetWithId {
        data: vec![
            RecordWithId {
                id: 34,
                _descr: "John".to_string(),
            },
            RecordWithId {
                id: 49,
                _descr: "Jane".to_string(),
            },
        ],
    };
    print!(
```

```
            "{}, {}; {} {}",
            names.count(48),
            names.count(49),
            is_present(&names, 48),
            is_present(&names, 49)
    );
```

相对于先前版本更改的行用 "//" 标记。

首先（在标记 1、2 和 3 处），"Searchable" trait 不再通用。它的两个泛型参数已使用
"type" 关键字成为关联的类型，但没有这种类型的值。

因此，在 trait 声明中（在标记 4 和 5 处）每次对 "Key" 和 "Count" 类型参数的使用都
必须以 "Self::" 作为前缀。

当然，实现也必须更改。它不再是泛型的（在标记 6 处），而必须为关联的类型指定值
（在标记 7 和 8 处）。然后，可选地，具体类型 "u32" 可以并且应该变得更泛型，用关联的
类型替换（在标记 9 和 10 处）。

所有这些更改的优点在于 "is_present" 函数的签名。首先（在标记 11 处），不指
定具体类型，而是指定对关联类型 "Key" 的引用，然后（在标记 12 处），不再需要为
"Searchable" trait 指定类型参数，因为它不再是泛型的。

让我们更深入地检查在标记 11 处的类型规范。在这里，我们要引用在标记 2 处声明并
在标记 7 处指定的类型名称 "Key"。该类型名称定义位于特型块和实现块内，因此需要一
个作用域规范。当用于界定 "Collection" 类型时，我们要访问 "Searchable" trait，如标
记 12 所指定的。要指定这种作用域，语法为 "<type1 as type2>"，在这种情况下不应将
其理解为"将类型 1 转换为类型 2"，而应理解为"类型 1 限于类型 2"。

如果你认为数据类型实质上是可以应用于此类数据的一组操作，则可以更好地理解
所有这些内容。限制（或限制）类型意味着仅考虑可用于该类型的某些操作。因此，表
达式 "Collection as Searchable" 的意思是"获取 Collection 类型的所有特性，并
仅考虑那些来自 Searchable trait 的特性"。实际上，"Collection" 类型可以与多个
trait 绑定，并且其中一些 trait 可以具有 "Key" 类型名称。类型表达式 "<Collection as
Searchable> :: Key" 的意思是"实现 Searchable trait 时为 Collection 类型定义的 Key
类型"。

在本例中，所有这些机制似乎都没有提供很大的优势，但是软件基础越大，这种优势
就越大。

18.8.5 "Iterator" 标准 trait 声明

关于 "Iterator" 标准库 trait，我们曾说它仅包含一项："next" 函数签名。这不是真的。想想看：有产生数字的迭代器，有产生字符的迭代器，有产生其他类型的迭代器。当然，"Iterator" trait 必须在某种程度上在其生成的项类型中是泛型的。

但是，它不是泛型 trait，而是 "type" 项签名。你可以想到以这种方式定义的 "Iterator" 标准库 trait：

```rust
trait Iterator {
    type Item;
    fn next(&mut self) -> Option<Self::Item>;
}
```

该定义会强制任何具体的迭代器为代表所生成项类型的 "Item" 定义一个类型，并为 "next" 定义一个函数体，该函数体将返回下一项（如果可能），或者 "None"（如果没有其他项可返回）。

这是一个在指定数字范围内迭代器的可能实现：

```rust
trait MyIterator {
    type Item;
    fn next(&mut self) -> Option<Self::Item>;
}
struct MyRangeIterator<T> {
    current: T,
    limit: T,
}
impl MyIterator for MyRangeIterator<u32> {
    type Item = u32;
    fn next(&mut self) -> Option<Self::Item> {
        if self.current == self.limit {
            None
        } else {
            self.current += 1;
            Some(self.current - 1)
        }
    }
}
let mut range_it = MyRangeIterator {
    current: 10,
    limit: 13,
};
print!("{:?}, ", range_it.next());
print!("{:?}, ", range_it.next());
print!("{:?}, ", range_it.next());
print!("{:?}, ", range_it.next());
print!("{:?}, ", range_it.next());
```

这将打印："Some(10), Some(11), Some(12), None, None,"。

使用 "My" 前缀来表明此处未使用标准库。首先，定义与 "Iterator" 标准库 trait 相似的 trait。

然后，定义了在一定范围内实现迭代器所需的数据结构。

迭代器应具有当前位置，该位置将初始化为指向序列的第一项，并且在每次调用 "next" 时将递增。当前位置存储在 "current" 字段中。

而且，迭代器应该能够检测是否还有其他项要生成，或者是否没有其他项。为此，迭代器应该能够查询底层序列数据结构或应该在其内部保留限制。我们的 "MyRangeIterator" 迭代器没有底层序列，因此它保留一个 "limit" 字段来检查是否已到序列的末尾。

然后，为 "MyRangeIterator <u32>" 类型实现了 "MyIterator" trait。这是一种具体类型，因此实现也是具体而非泛型的。根据需要指定 "type" 项，并且 "next" 方法具有有效的方法体。这个方法体的功能是合理的：如果当前项已达到限值，返回 "None"；否则，当前数字递增，并返回递增前的值。

然后，声明 "range_it" 变量。它是一个迭代器，并且像任何迭代器一样，它是可变的。不变的迭代器是没有意义的，因为我们不希望每次对 "next" 的调用总是返回相同的值或随机值。每当 "next" 返回一个非 None 值时，迭代器的状态必须更改，因此迭代器必须是可变的。

最后，"next" 在迭代器上调用了五次。前三次，"next" 可以产生一个值，然后，由于迭代器已达到其限值，因此始终产生 "None"。

实际上，不需要定义 "MyIterator" trait，因为我们可以使用 "Iterator" 标准库 trait。使用此标准库 trait 具有能够使用 Rust 标准库提供的所有迭代器适配器和迭代器使用者的巨大优势。

```rust
struct MyRangeIterator<T> {
    current: T,
    limit: T,
}
impl Iterator for MyRangeIterator<u32> {
    type Item = u32;
    fn next(&mut self) -> Option<Self::Item> {
        if self.current == self.limit {
            None
        } else {
            self.current += 1;
            Some(self.current - 1)
        }
    }
}
```

```
print!(
    "{:?}; ",
    MyRangeIterator {
        current: 10,
        limit: 13,
    }.collect::<Vec<_>>()
);
for i in (MyRangeIterator {
    current: 20,
    limit: 24,
}) {
    print!("{} ", i);
}
```

这将打印："[10, 11, 12]; 20 21 22 23"。

因为我们的 "MyRangeIterator" 对象具有实现 "Iterator" trait 的类型，所以它们可以与 "collect" 迭代器消费者以及 "for" 语句一起使用。

18.9 使用泛型迭代器

现在，我们可以回到本章"标准 trait"部分中提出的问题。我们想要编写一个名为 "get_third" 的泛型函数，该函数接受任何迭代器，并在可能的情况下返回由该迭代器产生的第三项，否则返回 "None"。

此问题可通过以下代码解决：

```
fn get_third<Iter>(mut iterator: Iter) -> Option<Iter::Item>
where
    Iter: std::iter::Iterator,
{
    iterator.next();
    iterator.next();
    iterator.next()
}
print!(
    "{:?} {:?} {:?} {:?}",
    get_third(10..12),
    get_third(20..29),
    get_third([31, 32].iter()),
    get_third([41, 42, 43, 44].iter())
);
```

这将打印："None Some(22) None Some(43)"。

"get_third" 函数以任何可变的迭代器作为参数，因此它是由此类迭代器的类型参数化的泛型函数。通过获取迭代器类型，可以访问它的 "Item" 关联类型及其 "next" 方法。因此，我们可以声明函数返回的值与迭代器返回的值具有相同的类型，即 "Option<Iter::Item>"，它在迭代器内部实现是 "Option<Self::Item>"。

　　此示例对演示如何编写将迭代器作为参数的函数很有用。但是，实际上并不需要此特定函数，因为标准库已经包含了比它更通用的函数："第 n 个"迭代器使用者 nth。以下程序与上一个程序等效：

```
print!(
    "{:?} {:?} {:?} {:?}",
    (10..12).nth(2),
    (20..29).nth(2),
    ([31, 32].iter()).nth(2),
    ([41, 42, 43, 44].iter()).nth(2)
);
```

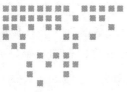

第 19 章

面向对象程序设计

在本章中，你将学习：

❑ 如何在不使用 trait 的情况下，用固有的实现将函数与类型相关联

❑ Rust 面向对象与 C++ 面向对象有何不同

❑ 哪些 trait 可以在哪些类型上实现，哪些不能实现

❑ 如何指定方法可以使应用该方法的对象发生变化

❑ 关于构造对象的方法的一些约定

❑ 为什么 Rust 不使用数据继承

❑ 什么是静态分发和动态分发，如何实现以及何时使用它们

19.1　固有实现

在上一章中，我们看到了如何解决以下问题。你有一个名为 "Stru" 的结构，希望将其用于两个目的：一是作为包含函数 f1 的命名空间，将由表达式 "Stru::f1(500_000)" 调用；二是创建 Stru 的实例，名为 "s"，在其中调用方法 f2，例如，表达式 "s.f2(456).x"。

一个可能的解决方案是这样的：

```
trait Tr {
    fn f1(a: u32) -> bool;
    fn f2(&self, b: u16) -> Self;
}
```

```
struct Stru {
    x: u16,
    y: u16,
}
impl Tr for Stru {
    fn f1(a: u32) -> bool {
        a == 0
    }
    fn f2(&self, b: u16) -> Self {
        if b == self.x || b == self.y {
            Stru {
                x: self.x + 1,
                y: self.y + 1,
            }
        } else {
            Stru {
                x: self.x - 1,
                y: self.y - 1,
            }
        }
    }
}
let s = Stru { x: 23, y: 456 };
print!("{} {}", Stru::f1(500_000), s.f2(456).x);
```

该程序将打印：false 24。

首先，声明 trait "Tr" 及其两个函数的签名 f1 和 f2，并声明结构 "Stru"；然后，通过声明两个函数的函数体来为该结构实现 trait Tr。最后，实例化该结构并调用两个函数。

这种模式非常普遍，所以有一种简写的写法。可以等效地写：

```
struct Stru {
    x: u16,
    y: u16,
}
impl Stru {
    fn f1(a: u32) -> bool {
        a == 0
    }
    fn f2(&self, b: u16) -> Self {
        if b == self.x || b == self.y {
            Stru {
                x: self.x + 1,
                y: self.y + 1,
            }
        } else {
            Stru {
```

```
            x: self.x - 1,
            y: self.y - 1,
        }
      }
    }
}
let s = Stru { x: 23, y: 456 };
print!("{} {}", Stru::f1(500_000), s.f2(456).x);
```

在第二个程序中，trait 的定义已删除，因此不再需要创建一个 trait 名称。因此，从 impl 语句中删除了 Tr for 子句。现在，将 impl 语句直接应用于类型，而无须具有 trait。现在，该类型不再具有为类型实现的 trait，而是具有所谓的"固有"实现。

对于那些了解面向对象编程范式的人来说，这就是：我们有一个用户定义类型 Stru，其中包含一些数据成员 x 和 y；还有一些方法 f1 和 f2。

与前面的示例相对应的 C++ 程序是这样的：

```
#include <iostream>
int main() {
    struct Stru {
        unsigned short x;
        unsigned short y;
        static bool f1(unsigned long a) {
            return a == 0;
        }
        Stru f2(unsigned short b) const {
            return b == x || b == y ?
                Stru {
                    (unsigned short)(x + 1),
                    (unsigned short)(y + 1)
                }
                :
                Stru {
                    (unsigned short)(x - 1),
                    (unsigned short)(y - 1)
                }
                ;
        }
    };
    Stru s = { 23, 456 };
    std::cout << std::boolalpha << Stru::f1(500000)
        << " " << s.f2(456).x;
}
```

相应的功能如下。

面向对象编程语言中的类定义包含数据定义和函数定义。Rust 将它们分开。数据定义在 struct 构造中，函数声明在 impl 构造中。struct 和 impl 构造的组合对应于 C++ 或

Java 之类的语言的类定义。结构的字段是该类的数据成员，而 `impl` 语句的方法是该类的方法。

特别是，参数列表以 `self` 伪参数开头的 Rust 方法是面向对象编程中的所谓 "对象方法"，在 C++ 中称为 "非静态成员函数"，而参数列表不以 `self` 伪参数开头的 Rust 方法，是面向对象编程中的所谓 "类方法"，在 C++ 中称为 "静态成员函数"。

在对象方法内部，"`self`" 关键字指的是当前对象，就像面向对象语言的 "`self`" 或 "`this`" 关键字。

要调用具有 `self` 参数的方法，请使用点表示法，如 `s.f2(456)`，而调用不带有 `self` 参数的方法时，其语法应类似于 `Stru::f1(500_000)`，也就是说，它需要类型的名称，后跟一个双冒号，然后是函数的名称。

Rust 和 C++ 之间的区别是，在引用当前对象的字段（例如 x）时，在 Rust 中必须写作 `self.x`，而在 C++ 和其他语言中，相应的表达式是 `this->x`，但是，如果没有歧义，可以简单地写作 x，含义相同。

Rust 与大多数其他面向对象语言之间的另一个区别是，在这些语言中，对当前对象（称为 `self`、`this` 或 `Me`）的引用始终是指针或引用。在 Rust 中，如果在方法签名中写入 `&self`，则会得到一个引用，而如果你仅写了 `self`，则会获得当前对象的副本。

19.2　Rust 面向对象的特殊性

但是 Rust 的面向对象编程和其他面向对象的语言之间还有其他区别。

```
S::f2();
impl S { fn f1() { print!("1"); } }
impl S { }
S::f1();
impl S { fn f2() { print!("2"); } fn _f3() {} }
struct S {}
```

这将打印："21"。

此代码包含一些声明和一些可执行语句。

可执行语句位于第一行和第四行。它们按照出现的顺序执行。首先，调用 `f2` 函数，然后调用 `f1` 函数。

可以将 `struct` 和 `impl` 构造放置在任何位置，可以以任何顺序放置，只要它们在同一作用域内即可。结构和函数可以在使用后定义。但是，通常，trait、结构和函数仅在声明后使用。

在给定的范围内，只能有一个 struct S 语句。无法添加其他字段到已经定义的结构中。相反，可以有几个 impl S 语句。你可以"重新打开"结构并添加更多方法。在该示例中，第一个 impl 块添加了 **f1** 方法，第二个块未添加任何内容，第三个块添加了 **f2** 和 **_f3** 方法。

```rust
struct S1 {}
struct S2 {}
impl S1 {
    fn f() {}
    //ILLEGAL: fn f(a: i32) {}
}
impl S2 {
    fn f() {}
}
S1::f();
S2::f();
```

在 Rust 中，不能在同一个作用域中拥有多个具有相同名称的函数。一个类型创建一个作用域。因此，类型 S1 不能具有两个名为 f 的方法，即使这些方法具有不同的参数。但是，可以为两个不同的类型声明两个具有相同名称的方法，例如 S1::f 和 S2::f。

```rust
enum Continent {
    Africa,
    America,
    Asia,
    Europe,
    Oceania,
}
impl Continent {
    fn name(&self) -> &str {
        match *self {
            Continent::Africa => "Africa",
            Continent::America => "America",
            Continent::Asia => "Asia",
            Continent::Europe => "Europe",
            Continent::Oceania => "Oceania",
        }
    }
}
print!("{}", Continent::Asia.name());
```

这将打印："Asia"。

在 Rust 中，不仅可以向结构添加方法，还可以向代码中定义的任何类型（例如枚举和元组结构）添加方法。

至于基本类型，不能直接向它们添加方法。

```
impl i32 {}
```

对于试图将某些内容添加到 i32 基本类型的代码，即使方法列表为空，编译器也会发出以下消息：i32 原语仅允许使用标记为 " ## lang ="i32"]" 的单个固有实现（only a single inherent implementation marked with `#[lang = "i32"]` is allowed for the `i32` primitive）。这意味着 i32 基本类型仅允许其方法的一种实现，即该语言和标准库提供的那一种。

而且，不能直接将方法添加到标准库或另一个库中定义的非原始类型中。

```
impl Vec<i32> {}
```

对于这行代码，编译器发出消息，无法在定义某类型的程序或库之外，为此类型定义固有的 "impl"（cannot define inherent `impl` for a type outside of the crate where the type is defined）。"crate" 是一个程序或库。Vec 泛型类型是在标准库中定义的。因此，该错误消息表示，你无法在固有实现中向 Vec 添加方法，也就是说，如果你的代码在定义 Vec 的库之外，即没有在标准库中，那么不实现 trait 就无法向 Vec 添加方法。

关于 trait，不能为在标准库或另一个库中声明的类型实现在标准库或另一个库中声明的 trait。

```
impl std::iter::Iterator for i32 {}
```

对于此代码，编译器发出消息 "只有在当前程序或库中定义的 trait 才能针对任意类型实现"（only traits defined in the current crate can be implemented for arbitrary types）。这意味着因为代码中尚未声明 "Iterator" trait，而且代码中也尚未声明 "i32" 类型，因此无法为该类型实现该 trait。

但是，你代码中定义的任何 trait 都可以针对任何类型实现。

```
trait Tr {
    fn f1();
    fn f2(&self);
}
impl Tr for bool {
    fn f1() { print!("Tr::f1 "); }
    fn f2(&self) { print!("Tr::f2 "); }
}
bool::f1();
true.f2();
```

这将打印："Tr::f1 Tr::f2"。

并且可以为你的代码中定义的任何类型实现任何 trait。

```
struct Pair(u32, u32);
impl std::iter::Iterator for Pair {
    type Item = u32;
    fn next(&mut self) -> Option<Self::Item> {
        None
    }
}
let mut a = Pair(23u32, 34u32);
print!("{:?}", a.next());
```

这将打印："None"。

首先定义 "Pair" 类型。然后，针对 "Pair" 类型实现在标准库中声明的 "Iterator" trait。这样的实现非常简单：其 "next" 方法始终返回 "None"。

然后，分配 "Pair" 类型的对象。最后，即使我们知道它不会在任何意义上进行迭代，它也将限定为迭代器，所以能在此对象上调用 "next" 函数。

总而言之，如果 "Ty" 是类型，则只有在当前程序或库中声明了 "Ty" 时，才允许使用 "impl Ty" 子句；如下表所示，如果 "Tr" 是 trait，则在当前程序或库中声明 "Tr" 或 "Ty" 时，允许使用 "impl Tr for Ty" 子句，并且仅当 "Tr" 和 "Ty" 均是语言（标准库）或其他库的一部分时才允许。

	"Tr" trait 在当前的程序或库中声明	"Tr" trait 在另一个程序或库中声明
"Ty" 类型在当前程序或库中声明	允许 "impl Tr for Ty"	允许 "impl Tr for Ty"
"Ty" 类型在其他程序或库中声明	允许 "impl Tr for Ty"	不许 "impl Tr for Ty"

19.3 可变方法

在 Rust 中，不包含 mut 关键字的所有内容都是不可变的。这对于 self 伪参数也成立。如果要更改应用方法的对象，则必须添加 mut 关键字。

```
struct S { x: u32 }
impl S {
    fn get_x(&self) -> u32 { self.x }
    fn set_x(&mut self, x: u32) { self.x = x; }
}
let mut s = S { x: 12 };
print!("{} ", s.get_x());
s.set_x(17);
print!("{} ", s.get_x());
```

这将打印："12 17"。

等效的 C++ 程序如下：

```cpp
#include <iostream>
int main() {
    struct S {
        unsigned long x;
        unsigned long get_x() const { return x; }
        void set_x(unsigned long x) { this->x = x; }
    };
    S s = { 12 };
    std::cout << s.get_x() << " ";
    s.set_x(17);
    std::cout << s.get_x() << " ";
}
```

注意，对于 get_x 方法，Rust self 中没有 mut 关键字，而 C++ 在签名末尾有 const 关键字；对于 set_x 方法，在 Rust 中 self 具有 mut 关键字，而在 C++ 代码中没有 const 关键字。

19.4　构造函数

每当需要一个 struct 对象时，我们都必须指定其所有字段的值。

这与数据抽象原则相反，根据数据抽象原则，任何类型都应具有独立于其实现的接口。

为了允许以独立于其实现的方式处理对象，某些语言提供了称为"构造函数"（constructors）的特定特性。相反，在 Rust 中，提供一个或多个不将 "self" 作为参数而将 "Self" 作为返回值类型的方法就足够了。因此，此类方法通常称为构造函数。Rust 构造函数没有特定的语法，但是有一些约定。

```rust
struct Number {
    x: f64,
}
impl Number {
    fn new() -> Number { Number { x: 0. } }
    fn from(x: f64) -> Number { Number { x: x } }
    fn value(&self) -> f64 { self.x }
}
let a = Number::new();
let b = Number::from(2.3);
print!("{} {}", a.value(), b.value());
```

这将打印："0 2.3"。"new" 和 "from" 方法是构造函数。按照约定，不带参数的构

造函数命名为 "new"，而带一个参数的构造函数命名为 "from"。但是，通常有几个构造
函数带有一个参数。在这种情况下，仅将其中一个命名为 "from"（或根本没有被命名为
"from" 的）。

可以在标准库中找到此约定的实例：

```
let a = String::new();
let b = String::from("abcd");
print!("({}) ({});", a, b);
let c = Vec::<i32>::new();
let d = Vec::<u8>::from("abcd");
print!(" {:?} {:?}", c, d);
```

这将打印："() (abcd); [] [97, 98, 99, 100]"。"a" 变量由动态的空字符串初始
化；"b" 变量由通过复制静态字符串创建的动态字符串初始化；"c" 变量是一个空的整数向
量；而 "d" 变量是通过复制静态字符串的内容创建的字节向量。

19.5　组合而不是继承

在面向对象编程时代的初期，继承是灵丹妙药，是一种可以应用于任何问题的技术。
实际上，有三种继承：数据继承、方法实现继承和方法接口继承。随着时间的流逝，人们
意识到数据继承造成的问题比它解决的问题更多，因此 Rust 不支持它。Rust 使用数据组合
代替数据继承。

假设我们已经有一个表示要在图形屏幕上绘制的文本的类型，并且想创建一个表示由
矩形包围的文本的类型。为简单起见，我们将在控制台上打印而不是绘制文本，也不绘制
矩形，而是将文本放在方括号中：

```
struct Text { characters: String }
impl Text {
    fn from(text: &str) -> Text {
        Text { characters: text.to_string() }
    }
    fn draw(&self) {
        print!("{}", self.characters);
    }
}
let greeting = Text::from("Hello");
greeting.draw();

struct BoxedText {
    text: Text,
    first: char,
```

```
        last: char,
    }
    impl BoxedText {
        fn with_text_and_borders(
            text: &str, first: char, last: char)
            -> BoxedText
        {
            BoxedText {
                text: Text::from(text),
                first: first,
                last: last,
            }
        }
        fn draw(&self) {
            print!("{}", self.first);
            self.text.draw();
            print!("{}", self.last);
        }
    }
    let boxed_greeting =
        BoxedText::with_text_and_borders("Hi", '[', ']');
    print!(", ");
    boxed_greeting.draw();
```

这将打印：`"Hello [Hi]"`。

第一条语句定义了一个表示文本的结构，仅以包含其字符的字符串为特征。

第二条语句为此结构定义了两个方法：`"from"`，它是一个构造函数；和 `"draw"`，将打印对象中包含的字符串。只有这样，我们可以创建一个文本对象，并可以使用这个方法绘制它。

现在，假设你想利用此结构及其关联的方法来创建包含在方框中的文本，该文本由名为 `"BoxedText"` 的结构表示。那就是继承通常被吹捧的用途。

在 Rust 中，将创建一个 `"BoxedText"` 结构，而不使用继承，该结构包含 `"Text"` 类型的对象以及一些其他字段。在本例中，有两个字段表示要在基本文本之前和之后打印的字符。

然后，声明要封装在 `"BoxedText"` 类型中，或要应用于 `"BoxedText"` 类型的对象的方法的实现。它们是一个名为 `"with_text_and_borders"` 的构造函数；还有一个绘制当前对象的函数，名为 `"draw"`。

构造函数获取所需的所有信息，并使用该信息初始化一个新对象。特别地，通过调用 `"Text"` 的 `"from"` 构造函数来初始化具有 `"Text"` 类型的字段。

绘制当前对象的方法与关联到 `"Text"` 对象的相似方法具有相同的签名，但这只是一个巧合，原因是此类方法具有相似的功能。它们可以具有不同的名称，不同的参数类型，或不同的返回值类型。但是，此 "draw" 函数的函数体包含对 "Text" 的 "draw" 函数的调用。

最后，创建一个类型为 "BoxedText" 的对象，并调用其方法 "draw"，其结果是打印了字符串 "[Hi]"。

在此程序中，重用发生在以下位置：

❑ "struct BoxedText" 的第一个字段是 "text: Text"。它重用了该数据结构。

❑ "BoxedText" 的构造函数包含表达式 "Text::from(text)"。它重用 "Text" 类型的构造函数。

❑ "BoxedText" 类型的 "draw" 方法的方法体包含语句 "self.text.draw();"。它重用了与 "Text" 类型关联的 "draw" 方法。

19.6 组合的内存使用情况

组合的内存使用与继承的内存使用没有区别。它们都只使用所需的内存：

```rust
struct Base1 {
    _x: f64
}
struct Base2 {}
struct Derived1 {
    _b1: Base1,
    _b2: Base2,
}
struct Derived2 {
    _d1: Derived1,
    _other: f64,
}
use std::mem::size_of;
print!("{} {} {} {}",
    size_of::<Base1>(), size_of::<Base2>(),
    size_of::<Derived1>(), size_of::<Derived2>());
```

这将打印："8 0 8 16"。"Base1" 是仅包含 8 字节数字的结构，它占用 8 个字节；"Base2" 是一个不包含任何内容的结构，它占用 0 个字节；"Derived1" 是一个包含两个结构的结构，一个结构占 8 字节，另一个结构占 0 字节，共占用 8 个字节。最后，"Derived2" 是一个结构，其中包含一个占 8 字节的结构和一个占 8 字节的数字，它占用 16 个字节。可以说，内存被尽可能有效地利用。

19.6.1　静态分发

在前两节中，我们看到了如何定义 "Text" 和 "BoxedText" 类型，以便后者重新使用为前者编写的一些数据和代码。

现在假设你需要编写一个能够绘制几种文本对象的函数。特别是，如果它接收一个 "Text" 类型的对象作为参数，则应该调用与 "Text" 类型关联的 "draw" 方法，而如果它接收一个 "BoxedText" 类型的对象作为参数，则应调用与 "BoxedText" 类型关联的 "draw" 方法。

如果 Rust 是一种动态类型的语言，则此函数为：

```
fn draw_text(txt) {
    txt.draw();
}
```

当然，这在 Rust 中是不允许的，因为必须显式指定 txt 参数的类型。

Rust 为此问题提供了两种非等效的解决方案。一个是这样的：

```
trait Draw {
    fn draw(&self);
}
struct Text { characters: String }
impl Text {
    fn from(text: &str) -> Text {
        Text { characters: text.to_string() }
    }
}
impl Draw for Text {
    fn draw(&self) {
        print!("{}", self.characters);
    }
}

struct BoxedText {
    text: Text,
    first: char,
    last: char,
}
impl BoxedText {
    fn with_text_and_borders(
        text: &str, first: char, last: char)
        -> BoxedText
    {
        BoxedText {
            text: Text::from(text),
```

```
            first: first,
            last: last,
        }
    }
}
impl Draw for BoxedText {
    fn draw(&self) {
        print!("{}", self.first);
        self.text.draw();
        print!("{}", self.last);
    }
}

let greeting = Text::from("Hello");
let boxed_greeting =
    BoxedText::with_text_and_borders("Hi", '[', ']');
// SOLUTION 1 //
fn draw_text<T>(txt: T) where T: Draw {
    txt.draw();
}
draw_text(greeting);
print!(", ");
draw_text(boxed_greeting);
```

这将打印："Hello,[Hi]"。

最后三行是打印结果文本的行。"draw_text(greeting)"语句接收一个类型为
"Text"的对象，并打印"Hello"；而"draw_text(boxed_greeting)"语句接收类型为
"BoxedText"的对象，并打印"[Hi]"。这样的泛型函数是在之前定义的。最后六行是该问
题的第一个解决方案。该程序的前一部分与第二个解决方案相同。

但是，让我们从头开始研究此程序。

首先，将"Draw"trait声明为要绘制的对象的能力。

然后，使用"Text"和"BoxedText"类型及其相关方法进行声明，类似于"组合而不
是继承"部分的示例，但是只有两个构造函数"Text::from"和"BoxedText::with_text_
and_borders"保留为固有实现；现在，这两个"draw"函数是Draw trait的实现。

关于前面的示例，我们说过这两个"draw"方法巧合地具有相同的签名，而它们也可以
具有不同的签名。相反，在最后一个示例中，这种相同不再是巧合。这些函数现在用于实
现Draw trait，因此它们必须具有包含在该trait中的函数相同的签名。

在声明了结构类型及其相关函数之后，将创建并初始化两个变量"greeting"和
"boxed_greeting"，每种类型分别使用一个变量。

然后是第一个解决方案。"draw_text"泛型函数接收"T"类型的参数，其中"T"是实

现 "Draw" trait 的任何类型。因此，允许在该参数上调用 "draw" 函数。

所以，每当编译器遇到 "draw_text" 函数的调用时，它都会确定参数的类型，并检查该类型是否实现了 "Draw" trait。如果未实现该 trait，则会生成编译错误。否则，将生成 "draw_text" 函数的具体版本，其中将 "T" 类型替换为参数的类型，在此函数的函数体中调用的 "draw" 泛型方法，被替换为参数的类型的 "draw" 实现。

该技术称为 "静态分发"（static dispatch）。在计算机科学中，"分发"（dispatch）是指当存在多个具有相同名称的函数时，选择要调用的函数。在此程序中，有两个名为 "draw" 的函数，因此需要调度在它们之间选择。在此程序中，此选择由编译器在编译时执行，因此此分发是 "静态的"。

19.6.2　动态分发

通过将前一个程序的最后七行替换为如下行，可以对它进行一些更改：

```
// SOLUTION 1/bis //
fn draw_text<T>(txt: &T) where T: Draw {
    txt.draw();
}
draw_text(&greeting);
print!(", ");
draw_text(&boxed_greeting);
```

此版本的行为与先前版本基本相同。现在，"draw_function" 通过引用接收其参数，因此在其签名中添加了 "&" 字符，并在调用此函数的位置添加了其他两个 "&" 字符。

此解决方案仍然是静态分发的情况。因此，我们看到静态分发既可以与按值传递一起使用也可以与按引用传递一起使用。

通过将最后七行替换为以下行，可以进一步修改先前的程序：

```
// SOLUTION 2 //
fn draw_text(txt: &Draw) {
    txt.draw();
}
draw_text(&greeting);
print!(", ");
draw_text(&boxed_greeting);
```

该程序也具有与以前相同的外部行为，但这里使用了另一种技术。仅修改 "draw_text" 签名。"T" 泛型参数已删除，"where" 子句也已删除，并且参数的类型为 "&Draw" 而不是 "&T"。因此，现在有了一个具体的函数，而不是泛型的函数，该函数使用对 trait 的引用作为参数。

这是新东西。trait 不是类型。不能以具有 trait 的变量或函数参数声明为类型。但是对 trait 的引用是有效的类型。不过，它不是普通引用。

首先，如果它是普通引用，则禁止将对 "Text" 的引用或对 "BoxedText" 的引用作为期望引用 "Draw" 的函数的参数传递；相反，它是允许的。考虑一下：

```
trait Tr {}
impl Tr for bool {}
let _a: &Tr = &true;
```

在此，"bool" 类型实现了 "Tr" trait，因此 "&true"（即对类型为 "bool" 的值的引用）可用于初始化 "_a"，即对 "Tr" 的引用。

相反，以下是无效的：

```
trait Tr {}
let _a: &Tr = &true;
```

在这里，"bool" 类型没有实现 "Tr" trait，因此 "&true" 是对类型为 "bool" 的值的引用，它不能用于初始化对 "Tr" 的引用。

通常，对 "T" 类型的任何引用都可以用于初始化由 "T" 实现 trait 的引用。将参数传递给函数是一种初始化，因此，对 "T" 类型的任何引用都可以作为函数参数传递，其中需要对由 "T" 实现 trait 的引用。

其次，如果 "&Draw" 是普通指针，而 "txt" 具有这种类型，则表达式 "txt.draw()" 将调用相同的函数，而与 "txt" 名称所引用的对象无关。相反，我们需要一个分发，即当 "draw_text" 接收到 "Text" 时，需要调用与 "Text" 类型关联的 "draw" 方法，而当 "draw_text" 接收到 "BoxedText" 时，将调用与 "BoxedText" 类型关联的 "draw" 方法。这正是实际发生的情况。

因此，"&Draw" 不是普通的指针，而是能够根据所引用对象的类型选择正确的调用方法的指针。这是一种分发，但它在运行时发生，因此是"动态分发"。（dynamic dispatch）

尽管使用的机制稍有不同，但在 C++ 中通过使用 "virtual" 关键字来处理动态分发。

19.6.3　trait 引用的实现

返回显示分发问题解决方案的程序，并用以下代码替换最后七行（从 " // SOLUTION " 开头的那一行开始）：

```
use std::mem::size_of_val;
print!("{} {} {}, {} {} {}, ",
    size_of_val(&greeting),
    size_of_val(&&greeting),
    size_of_val(&&&greeting),
    size_of_val(&boxed_greeting),
    size_of_val(&&boxed_greeting),
    size_of_val(&&&boxed_greeting));
fn draw_text(txt: &Draw) {
    print!("{} {} {} ",
        size_of_val(txt),
        size_of_val(&txt),
        size_of_val(&&txt));
    txt.draw();
}
draw_text(&greeting);
print!(", ");
draw_text(&boxed_greeting);
```

在 64 位目标机器中，生成的程序将打印："24 8 8, 32 8 8, 24 16 8 Hello, 32 16 8 [Hi]"。

请记住，"size_of_val" 标准库泛型函数获取对任何类型对象的引用，并返回该对象的大小（以字节为单位）。

首先，处理 "greeting" 变量。它的类型是 "Text" 结构，其中仅包含 "String" 对象。我们已经发现 "String" 对象在栈中占据了 24 个字节，在堆中还占用一个变量缓冲区。"size_of_val" 函数不考虑这种缓冲区。"size_of_val" 函数需要引用，因此表达式 "size_of_val(greeting)" 将是非法的。

然后，打印对 "Text" 引用的大小，再然后打印对 "Text" 引用的引用的大小。它们是普通引用，因此占用 8 个字节。

然后，以相同方式处理 "boxed_greeting" 变量。该结构包含一个 "Text" 和两个 "char" 对象。每个 "char" 占用 4 个字节，因此它的大小为 24 + 4 + 4 = 32 个字节。它的引用也是普通引用。

然后将类型为 "&Text" 的表达式 "&greeting" 作为参数传递给 "draw_text" 函数，用于初始化类型为 "&Draw" 的参数 "txt"。

"txt" 参数是一种引用，因此可以计算表达式 "size_of_val(txt)"。它将返回所引用对象的大小。但是，"&Draw" 类型的对象所引用的对象是哪种类型？当然，它不是 "Draw"，因为 "Draw" 不是类型。实际上，这在编译时还不知道。它取决于运行时由用于初始化 "txt" 参数的表达式所引用的对象。第一次调用 "draw_text" 函数时，"txt" 参数接收对 "Text" 对象的引用，因此将输出 24。

如果在输出中向前跳到逗号后面，则会看到第二次调用 "draw_text" 函数，"txt" 参数接收到对 "BoxedText" 对象的引用，因此将输出 32。

回到使用 "greeting" 的调用，我们看到表达式 "size_of_val(&txt)" 的值为 16。这很奇怪。该表达式是类型为 "&Draw" 的对象的大小，并由类型为 "&Text" 的对象初始化。所以我们使用普通的 8 字节引用来初始化对 trait 的 16 字节引用。为什么对 trait 的引用如此之大呢？动态分发的机制在于如何初始化对 trait 的引用。

实际上，对 trait 的任何引用都有两个字段。第一个是用于初始化它的引用的副本，第二个是用于选择 "draw" 函数的适当版本或任何其他需要动态调度的函数的指针。它被命名为"虚表指针"（virtual table pointer）。此名称来自 C++。

最后，打印对 trait 的引用的引用大小。这是一个普通引用，占用 8 个字节。

对于 "boxed_greeting" 变量的引用，将打印相同的数字。

19.6.4　静态分发与动态分发

因此，可以使用静态或动态分发。你应该使用哪个呢？

就像任何静态与动态两难的例子一样，"静态"表示"编译时"，"动态"表示"运行时"，静态需要更长的编译时间，并生成更快的代码，但是如果编译器无法获得足够的信息，动态解决方案就是唯一可能的解决方案。

假设，对于分发问题的解决方案之前显示的示例程序，有以下要求。要求用户输入字符串，并且如果该字符串为 "b"，则应打印带方框的文本，对于其他输入，应打印不带方框的文本。

使用静态分发，程序的最后一部分变为：

```
// SOLUTION 1/ter //
fn draw_text<T>(txt: T) where T: Draw {
    txt.draw();
}
let mut input = String::new();
std::io::stdin().read_line(&mut input).unwrap();
if input.trim() == "b" {
    draw_text(boxed_greeting);
} else {
    draw_text(greeting);
}
```

使用动态分发时，有如下代码：

```
// SOLUTION 2/bis //
fn draw_text(txt: &Draw) {
```

```
        txt.draw();
    }
let mut input = String::new();
std::io::stdin().read_line(&mut input).unwrap();
let dr: &Draw = if input.trim() == "b" {
    &boxed_greeting
} else {
    &greeting
};
draw_text(dr);
```

静态分发要求编写多个函数调用，而动态分发允许将用户选择的对象保存在 "dr" 变量中，然后仅为其编写一个函数调用。

此外，静态分发使用泛型函数，并且此技术可能会导致代码膨胀，因此最终速度可能会变慢。

标准库集合

在本章中，你将学习：

❑ 如何测量 Rust 代码各部分运行所花费的时间

❑ 建议使用多种集合的性能原因

❑ 哪种集合最适合于如下不同类型的操作：顺序扫描、两端项的插入和删除、最大项的删除、搜索、按键搜索、保持项有序

20.1　集合

数组、向量、结构、元组结构、元组和枚举是其对象可能包含其他几个对象的数据类型。但是，对于结构、元组结构、元组和枚举，对于每个包含的对象，必须在类型声明和对象构造中都指定一个特定的子句，因此它们不能用于包含数百个对象。相反，数组和向量是可以包含许多对象的数据类型，即使这些对象是用简单的公式定义和实例化的。这类对象称为"集合"。

在许多情况下，数组和向量是最佳的集合：它们有效地使用内存，扫描速度快，有效地使用 CPU 缓存，并且允许通过整数偏移量（或索引）进行快速直接访问。但是，对于某些操作，它们肯定是低效的，因此在这种情况下，使用其他种类的集合是合适的。Rust 标准库提供了多种类型：VecDeque<T>、LinkedList<T>、BinaryHeap<T>、BTreeSet<T>、BTreeMap<K,V>、HashSet<T> 和 HashMap<K,V>。

说到集合，数组是一种单独的情况，因为它们是完全在栈上分配的，并且大小在编译时定义。所有其他集合（包括向量）都包含可变数量的项，它们在栈中存储固定长度的标头，而数据（如果有的话）则在堆中分配。我们将它们命名为"动态大小的集合"。

20.2 测量执行时间

因为很大程度上要根据其性能来选择集合，所以这里绕道而行，我们先看如何精确地测量 Rust 代码不同部分所花费的时间。

性能对所有软件开发人员都很重要。但是，那些使用高级语言编程的人通常会分析一条命令花费了多少毫秒或几秒钟，而那些使用诸如 Rust 这类低级语言进行编程的人通常会分析单个函数花费多少微秒甚至纳秒的原因。

在 Rust 标准库中，有一些函数可以精确测量源代码中两个位置之间经过的时间：

```
use std::time::Instant;
fn elapsed_ms(t1: Instant, t2: Instant) -> f64 {
    let t = t2 - t1;
    t.as_secs() as f64 * 1000.
        + t.subsec_nanos() as f64 / 1e6
}

let time0 = Instant::now();
for i in 0..10_000 {
    println!("{}", i);
}
let time1 = Instant::now();
println!("{}", elapsed_ms(time0, time1));
```

该程序首先将打印从 0 到 9999 的所有整数，然后将输出打印这些数字所花费的毫秒数。

当然，这种时间取决于所用计算机的能力、操作系统、终端仿真器程序，还取决于 Rust 编译器使用的优化级别。

确实，在本书的开头，要编译一个 Rust 程序，只需编写 "rustc" 命令，后跟源文件的名称就足够了，而无须任何其他参数。但是，这样的命令不会激活编译器优化，因此会生成对调试有益的机器代码，但效率却不如预期。

如果你对性能感兴趣，则应激活编译器优化。可使用命令行选项 "-O"（字母，而不是零）激活它们。如果省略此选项，则将禁用所有优化。

因此，在本章中，假定示例是通过以下命令行编译的：

```
rustc -O main.rs
```

如果回到上一个示例，你会注意到首先定义了 "elapsed_ms" 函数。它接收两个代表

时刻的 "Instant" 类型的参数，并返回从第一个时刻到第二个时刻所经过的毫秒数。

在本章的所有小节中，假定每个程序都以这样的函数定义开头，为简洁起见，在示例中不再赘述。

要测量时间，应调用 "Instant" 类型的 "now" 函数。此类型是 Rust 标准库的一部分。每次调用 "now" 都会返回当前时刻。然后，如果调用 "elapsed_ms" 函数并传递给它两个时刻，则将获得两者之间的时间跨度（以毫秒为单位）。

20.3 执行任意插入和移除

现在，让我们回到集合的操作上。

以下程序非常高效：

```rust
const SIZE: usize = 100_000_000;
let t0 = Instant::now();
let mut v = Vec::<usize>::with_capacity(SIZE);
let t1 = Instant::now();
for i in 0..SIZE {
    v.push(i);
}
let t2 = Instant::now();
for _ in 0..SIZE {
    v.pop();
}
let t3 = Instant::now();
print!("{} {} {}", elapsed_ms(t0, t1),
    elapsed_ms(t1, t2), elapsed_ms(t2, t3));
```

请记住要添加 "elapsed_ms" 函数的声明，并在编译时指定选项 "-O"。

该程序将打印三个数字，取决于计算机、操作系统甚至可能取决于编译器的版本。

可能的结果是："0.002667 454.516057 87.302678"。

这意味着要创建一个为一亿个 "usize" 对象分配空间的向量不到三微秒，在 64 位系统中，该对象占用 800MB 的空间。在不分配内存的情况下将一亿个值放在这样的空间中，花了不到半秒的时间，并且从最后一个开始，逐个删除所有这样的数字，花费不到十分之一秒。

相反，以下程序效率很低（inefficient）：

```rust
const SIZE: usize = 100_000;
let t0 = Instant::now();
let mut v = Vec::<usize>::with_capacity(SIZE);
let t1 = Instant::now();
```

```
for i in 0..SIZE {
    v.insert(0, i);
}
let t2 = Instant::now();
for _ in 0..SIZE {
    v.remove(0);
}
let t3 = Instant::now();
print!("{} {} {}", elapsed_ms(t0, t1),
    elapsed_ms(t1, t2), elapsed_ms(t2, t3));
```

它可能会打印："0.00178 2038.879344 2029.447851"。

首先，请注意，这次只处理了十万项，这是上一个示例处理项数的千分之一。

要创建 800KB 大的向量，需要花费不到 2 微秒的时间，但是要从向量的开头插入十万个项，则要花费 2 秒钟以上的时间，并且要花同样的时间才能从第一个开始把它们全都删除。因此，这种插入操作似乎比上一个示例慢了四千倍，而这种删除操作似乎比上一个示例慢了两万倍。

发生这种情况的原因很容易解释。

要在具有足够容量的向量末尾添加项，只要检查是否有足够的空间，将项复制到向量缓冲区中，并增加项数。对于 usize 而言，在用于测量这些时间的计算机中，花费不到 5 纳秒的时间，其中包括将迭代器移至下一项的时间。

要从非空向量的末尾删除项，只要检查向量不为空，并减少项计数。不到一纳秒。

相反，要在向量的开头插入一个项，首先需要将向量中已经存在的所有项都平移一个位置，以便为新项释放第一位。在循环开始时，这种平移速度很快，但是随着项计数的增加，在向量的开头插入项所花费的时间也会增加。

同样，要删除第一个项，你必须平移除第一个项以外的所有项，第二个项将覆盖第一个项。

使用计算复杂度理论的表示法，我们可以说，在向量的末尾插入和删除项的 O(K) 复杂度是常数复杂度（constant complexity），而在已经包含 N 个项的向量的开头插入和删除项，具有 O(N) 复杂度，这是线性复杂度（linear complexity）。

如果不是真的从开头，而是在中间位置进行插入和移除，则性能会好一些，但仍然比在末尾插入和移除慢得多。

20.4 队列

如果只需要在向量的开头插入和删除项，则以相反的顺序重新设计向量就足够了，这样此类操作将在向量末尾处应用。

相反，如果需要在开头和末尾都插入或删除项，则向量类型不是做这件事的最佳集合。这种操作典型的情况是队列，其中项插入到末尾并从头开始提取（反之亦然）：

```
const SIZE: usize = 40_000;
let t0 = Instant::now();
let mut v = Vec::<usize>::new();
for i in 0..SIZE {
    v.push(i);
    v.push(SIZE + i);
    v.remove(0);
    v.push(SIZE * 2 + i);
    v.remove(0);
}
let t1 = Instant::now();
while v.len() > 0 {
    v.remove(0);
}
let t2 = Instant::now();
print!("{} {}", elapsed_ms(t0, t1), elapsed_ms(t1, t2));
```

这可能会打印："561.189636 276.056133"。

第一个计时代码部分创建一个空向量，然后执行四万次这样的操作：在向量的末尾插入三个数字，并从开头提取两个项。第二个代码部分从一开始就提取所有剩余项。第一部分花费大约半秒，第二部分花费大约四分之一秒。实际上，几乎所有的时间都花在提取上，因为插入速度非常快。

我们可以尝试始终在开头插入并在末尾提取：

```
const SIZE: usize = 40_000;
let t0 = Instant::now();
let mut v = Vec::<usize>::new();
for i in 0..SIZE {
    v.insert(0, i);
    v.insert(0, SIZE + i);
    v.pop();
    v.insert(0, SIZE * 2 + i);
    v.pop();
}
let t1 = Instant::now();
while v.len() > 0 {
    v.pop();
}
let t2 = Instant::now();
print!("{} {}", elapsed_ms(t0, t1), elapsed_ms(t1, t2));
```

可能会打印："790.365012 0.000112"。

现在，插入速度很慢，移除操作花费的时间几乎为 0。实际上，仅包含删除的第二部分要花费几纳秒的时间。

但是，这两个用时的总和并没有太大改善。

现在，让我们使用 "VecDeque" 类型代替 "Vec" 类型：

```
const SIZE: usize = 40_000;
let t0 = Instant::now();
let mut vd = std::collections::VecDeque::<usize>::new();
for i in 0..SIZE {
    vd.push_back(i);
    vd.push_back(SIZE + i);
    vd.pop_front();
    vd.push_back(SIZE * 2 + i);
    vd.pop_front();
}
let t1 = Instant::now();
while vd.len() > 0 {
    vd.pop_front();
}
let t2 = Instant::now();
print!("{} {}", elapsed_ms(t0, t1), elapsed_ms(t1, t2));
```

这可以打印："0.40793 0.050257"。

这与以前的用时有很大的不同。实际上，整个程序花费的时间不到半毫秒，而使用向量的版本花费了大约 800 毫秒。

请注意，虽然 "Vec" 类型自动导入当前名称空间中，但 "VecDeque" 类型必须与其他集合的类型一样显式限定。

"VecDeque" 名称是"类似向量的双端队列"（vector-like double-ended queue）的简写。"队列"（queue）一词的意思是"在一端插入项并在另一端从中提取项的顺序集合"。"双端"的事实意味着可以在两端插入项，并且可以从两端提取这些项，而不会受到任何惩罚。最后，"类似向量"的事实意味着可以通过整数偏移量来访问它，类似于数组和向量。

要在向量的末尾插入或删除项，可以使用简单的单词 "push" 和 "pop"，而无须指定插入或提取点，因为可以理解的是，这个点是末端，是这样的操作最有效的唯一地方。相反，由于队列的两端都处理得很好，因此建议插入的函数是 "push_front" 和 "push_back"，分别从开头和结尾插入项，建议的删除函数是 "pop_front" 和 "pop_back"，分别从开头和结尾删除。同样，"VecDeque" 类型支持 "insert" 和 "remove" 函数，但不建议使用此类函数，因为与向量相似，它们可能效率不高。

既然队列是如此高效，为什么我们不应该总是使用队列而不是向量呢？

原因是对于向量最频繁的操作（即迭代和直接访问），向量要快一个常数倍。

```rust
const SIZE: usize = 40_000;
let mut v = Vec::<usize>::new();
let mut vd = std::collections::VecDeque::<usize>::new();
let t0 = Instant::now();
for i in 0..SIZE {
    v.push(i);
}
let t1 = Instant::now();
for i in 0..SIZE {
    vd.push_back(i);
}
let mut count = 0;
let t2 = Instant::now();
for i in v.iter() {
    count += i;
}
let t3 = Instant::now();
for i in vd.iter() {
    count += i;
}
let t4 = Instant::now();
print!("{} {} {} {} {}", count,
    elapsed_ms(t0, t1), elapsed_ms(t1, t2),
    elapsed_ms(t2, t3), elapsed_ms(t3, t4));
```

这可能打印出："1599960000 0.230073 0.203979 0.013144 0.035295"。

这意味着要在集合的末尾插入项，Vec 和 VecDeque 集合类型具有几乎相同的性能，"VecDeque" 稍快，但是对于扫描整个集合，"Vec" 的速度是 VecDeque 的两倍以上。

20.5　链表

对于某些应用程序，需要经常在中间位置插入和取出项。在这种情况下，向量和队列都无法高效地执行此类操作，因此，如果有此需要，则可以求助于另一种集合 LinkedList。

但是，如果需要对集合执行批量操作，例如添加或删除或移动许多项，则使用 Vec 或 VecDeque 更快——创建一个新的临时集合，然后用该临时集合替换原始集合即可。

LinkedList 的使用应限于少数情况，在这种情况下，中间位置的插入和删除与读取访问的频率差不多。

20.6　二叉堆

还可以有另一种访问集合的方式，即所谓的"优先队列"（priority queue）。仅使用两个函数时会发生这种情况：一个函数用来插入项，另一个函数用来提取项，但是每个项都有一个优先级值，提取项的函数必须提取集合包含的项中具有最高值的项。使用向量，你可以通过以下代码获得该行为：

```
fn add(v: &mut Vec<i32>, a: i32) {
    v.push(a);
    v.sort();
}
let a = [48, 18, 20, 35, 17, 13, 39,
    12, 42, 33, 29, 27, 50, 16];
let mut v = Vec::<i32>::new();
for i in 0..a.len() / 2 {
    add(&mut v, a[i * 2]);
    add(&mut v, a[i * 2 + 1]);
    print!("{} ", v.pop().unwrap());
}
while ! v.is_empty() {
    print!("{} ", v.pop().unwrap());
}
```

这将打印："48 35 20 39 42 33 50 29 27 18 17 16 13 12"。

"a" 数组用作数字的提供者。在第一个循环的 7 次迭代中，处理了它的 14 个数字，每次迭代两个数字。每次迭代时，数组中的两个数字传递给 add 函数，该函数将各项插入向量中。然后，从向量中提取最后一项并打印。程序的最后一条语句提取并重复打印向量的最后一项，直到向量变空。

每次将值添加到向量中时，都会再次对向量进行排序，以使值始终按升序排列。这样可以保证提取的值始终是集合中包含的最大值。

如果在提取之前对向量进行排序，则仍然可以使用向量获得相同的结果：

```
fn extract(v: &mut Vec<i32>) -> Option<i32> {
    v.sort();
    v.pop()
}
let a = [48, 18, 20, 35, 17, 13, 39,
    12, 42, 33, 29, 27, 50, 16];
let mut v = Vec::<i32>::new();
for i in 0..a.len() / 2 {
    v.push(a[i * 2]);
    v.push(a[i * 2 + 1]);
```

```
        print!("{} ", extract(&mut v).unwrap());
    }
    while ! v.is_empty() {
        print!("{} ", extract(&mut v).unwrap());
    }
```

两种版本都有经常调用 "sort" 函数的缺点，这会产生很大的开销。

以下版本等效且速度快得多：

```
    let a = [48, 18, 20, 35, 17, 13, 39,
        12, 42, 33, 29, 27, 50, 16];
    let mut v = std::collections::BinaryHeap::<i32>::new();
    for i in 0..a.len() / 2 {
        v.push(a[i * 2]);
        v.push(a[i * 2 + 1]);
        print!("{} ", v.pop().unwrap());
    }
    while ! v.is_empty() {
        print!("{} ", v.pop().unwrap());
    }
```

如你所见，二叉堆通过调用 "push" 和 "pop" 函数来使用，类似于向量，但是在后面这些集合中，"pop" 函数从仍包含在集合中的项中提取最后插入的项，而二叉堆 "pop" 函数从仍包含在集合中的项中提取具有最大值的项。

关于实现，在这里我们可以说，无论是添加项还是删除项，都会移动一些项，以便最后一个项始终是最大的。相反，其他项不一定要排序。

20.7 有序集和无序集

使用集合的另一种方法是仅在集合中尚未包含项时才插入它。这实现了数学集合的概念。确实，在数学中说一个项在一个集合中包含多次是没有意义的。

使用向量实现这种插入的一种方法是在每次插入时扫描整个向量，并仅在未找到该项时才插入该项。当然，这种算法将是低效的。

有多种技术可以创建仅在尚未包含某项的情况下才有效插入该项的集合，这是一种实现无重复项集合概念的集合。

存储任意对象的最有效技术是使用一种名为"哈希表"的数据结构，因此，这种类型的集合称为 "HashSet"。

但是，这样的集合具有其项没有排序的缺点。如果需要排序项，则可以使用一个名为"B-tree"的数据结构的集合，因此它的名称为 BTreeSet：

```
let arr = [6, 8, 2, 8, 4, 9, 6, 1, 8, 0];
let mut v = Vec::<_>::new();
let mut hs = std::collections::HashSet::<_>::new();
let mut bs = std::collections::BTreeSet::<_>::new();
for i in arr.iter() {
    v.push(i);
    hs.insert(i);
    bs.insert(i);
}
print!("Vec:");
for i in v.iter() { print!(" {}", i); }
println!(". {:?}", v);
print!("HashSet :");
for i in hs.iter() { print!(" {}", i); }
println!(". {:?}", hs);
print!("BTreeSet:");
for i in bs.iter() { print!(" {}", i); }
println!(". {:?}", bs);
```

这可能会打印：

```
Vec: 6 8 2 8 4 9 6 1 8 0. [6, 8, 2, 8, 4, 9, 6, 1, 8, 0]
HashSet : 8 2 9 6 4 0 1. {8, 2, 9, 6, 4, 0, 1}
BTreeSet: 0 1 2 4 6 8 9. {0, 1, 2, 4, 6, 8, 9}
```

如你所见，`Vec v` 集合按插入顺序包含所有 10 个插入项。相反，`Hashset hs` 集合和 `BTreeSet bs` 集合仅包含 7 个项，因为它们只取了两个 6 中的一个，且只取了三个 8 中的一个。而且，`bs` 集合是排序的，而 `hs` 集合是随机的。不同的运行可能生成不同的顺序。

关于性能：

```
const SIZE: i32 = 40_000;
fn ns_per_op(t1: Instant, t2: Instant) -> f64 {
    elapsed_ms(t1, t2) / SIZE as f64 * 1_000_000.
}
let mut v = Vec::<_>::new();
let mut hs = std::collections::HashSet::<_>::new();
let mut bs = std::collections::BTreeSet::<_>::new();
let t0 = Instant::now();
for i in 0..SIZE { v.push(i); }
let t1 = Instant::now();
for i in 0..SIZE { hs.insert(i); }
let t2 = Instant::now();
for i in 0..SIZE { bs.insert(i); }
let t3 = Instant::now();
for i in 0..SIZE { if ! v.contains(&i) { return; } }
let t4 = Instant::now();
v.swap(10_000, 20_000);
v.sort();
```

```rust
let t5 = Instant::now();
for i in 0..SIZE {
    if v.binary_search(&i).is_err() { return; }
}
let t6 = Instant::now();
for i in 0..SIZE { if ! hs.contains(&i) { return; } }
let t7 = Instant::now();
for i in 0..SIZE { if ! bs.contains(&i) { return; } }
let t8 = Instant::now();
println!("Pushes in Vec: {}", ns_per_op(t0, t1));
println!("Insertions in HashSet: {}", ns_per_op(t1, t2));
println!("Insertions in BTreeSet: {}", ns_per_op(t2, t3));
println!("Linear search in Vec: {}", ns_per_op(t3, t4));
println!("Sort of Vec: {}", ns_per_op(t4, t5));
println!("Binary search in Vec: {}", ns_per_op(t5, t6));
println!("Search in HashSet: {}", ns_per_op(t6, t7));
println!("Search in BTreeSet: {}", ns_per_op(t7, t8));
```

这可能会打印：

```
Pushes in Vec: 6.4021
Insertions in HashSet: 139.214
Insertions in BTreeSet: 127.3047
Linear search in Vec: 17389.3111
Sort of Vec: 3.1132
Binary search in Vec: 47.7641
Search in HashSet: 36.5041
Search in BTreeSet: 56.2444
```

要在 Vec 的末尾插入一个数字，将花费 6 纳秒，而将其插入到 HashSet 或 BTreeSet 中则需要大约 20 倍的时间。

为了在该四万个项的向量中按顺序搜索一个现有数字，需要花费超过 17000 纳秒。 然后，对向量进行排序（实际上已经对其进行了排序，因此预先交换了两项，以使计时更为实际）。要使用二分搜索算法搜索排序后的向量，则找到项的平均时间小于 50 纳秒。结果表明，如果插入操作比搜索少得多，则在每次插入后对数组进行排序然后使用二分搜索会更高效。

要在 HashSet 中搜索一个数字，大约需要 40 纳秒。而在 BTreeSet 中搜索一个数字，大约需要 60 纳秒。

所有这一切都发生在具有特定类型的项、特定数量的项以及特定操作顺序的特定平台中。如果更改其中的某些内容，以前较慢的算法可能会变成最快的算法。

以下是优化性能至关重要的数据结构的最佳方法。首先声明一个 trait，该 trait 具有数据结构将提供给应用程序其余部分的所有操作。然后，创建这种 trait 的最简单实现，并在程序的其余部分中使用该 trait 及其方法。然后测量这些方法的性能是否足够好。如果足够好，那么无须对其进行优化。否则，你将不断更改 trait 的实现，并评估应用程序的性能，直到找到满意的实现为止。

20.8 有序字典和无序字典

除了包含可按其位置访问的简单对象的集合外，另一种常用的集合是"字典"(dictionary)，它是可通过搜索键访问的集合。

字典可以视为是键值对的集合，其独特之处在于查找不是使用整个键值对，而是仅使用键。因此，字典不能包含两个具有相同键的键值对，即使它们的值不同。

在这种情况下，也有几种可能的算法，Rust 标准库提供了两个主要的算法，名称分别为 HashMap 和 BTreeMap。第一个类似于 HashSet，虽然速度稍快一些，但并不能保持项的排序。第二个比较慢，但是它使项按其键排序。

```rust
let arr = [(640, 'T'), (917, 'C'),
    (412, 'S'), (670, 'T'), (917, 'L')];
let mut v = Vec::<_>::new();
let mut hs = std::collections::HashMap::<_, _>::new();
let mut bs = std::collections::BTreeMap::<_, _>::new();
for &(key, value) in arr.iter() {
    v.push((key, value));
    hs.insert(key, value);
    bs.insert(key, value);
}
print!("Vec:");
for &(key, value) in v.iter() {
    print!(" {}: {},", key, value);
}
println!("\n    {:?}", v);
print!("HashMap:");
for (key, value) in hs.iter() {
    print!(" {}: {},", key, value);
}
println!("\n    {:?}", hs);
print!("BTreeMap:");
for (key, value) in bs.iter() {
    print!(" {}: {},", key, value);
}
println!("\n    {:?}", bs);
```

这可能会打印：

```
Vec: 640: T, 917: C, 412: S, 670: T, 917: L,
    [(640, 'T'), (917, 'C'), (412, 'S'), (670, 'T'), (917, 'L')]
HashMap: 917: L, 412: S, 640: T, 670: T,
    {917: 'L', 412: 'S', 640: 'T', 670: 'T'}
BTreeMap: 412: S, 640: T, 670: T, 917: L,
    {412: 'S', 640: 'T', 670: 'T', 917: 'L'}
```

首先，请注意此类集合的调试打印与通过迭代这些集合并打印每个键值对所获得的打印结果非常相似。

然后，请注意，在数组中包含的项中，"T" 值在第一对和第四对中出现两次，而 917 键在第二对和第五对中出现两次。当将此类项插入向量中时，显然会保留它们，但是当将其插入字典中时，尽管允许重复值，但不允许重复键。因此，当插入键值对（917,'L'）时，它将替换字典中已经包含的键值对（917,'C'）。

最后，请注意，在向量中，各项按插入顺序排列，在 BTreeMap 集合中，它们按键顺序排列，在 HashMap 集合中，它们按随机顺序排列。

它们的性能类似于相应的 HashSet 和 BTreeSet 集合的性能。

20.9　C++ 和 Rust 中的集合

了解 C++ 标准库的人会发现如下将 C++ 集合与 Rust 集合对应关系的表很有用。

对于某些 C++ 集合，没有相应的 Rust 集合。在这样的情况下，将给出最相似的集合，并在前面加上波浪号（~），以表示近似对应。这样的指示对那些有一些 C++ 代码要转换为 Rust 代码的人特别有用。

C++	Rust
array<T>	[T]
vector<T>	Vec<T>
deque<T>	VecDeque<T>
forward_list<T>	~ LinkedList<T>
list<T>	LinkedList<T>
stack<T>	~ Vec<T>
queue<T>	~ VecDeque<T>
priority_queue<T>	BinaryHeap<T>
set<T>	BTreeSet<T>
multiset<T>	~ BTreeMap<T,u32>
map<K,V>	BTreeMap<K,V>
multimap<K,V>	~ BTreeMap<K,(V,u32)>
unordered_set<T>	HashSet<T>
unordered_multiset<T>	~ HashMap<T,u32>
unordered_map<K,V>	HashMap<K,V>
unordered_multimap<K,V>	~ HashMap<K,(V,u32)>

第 21 章 *Chapter 21*

丢弃、移动和复制

在本章中，你将学习：

❑ 为什么对象的确定性和隐式析构是 Rust 的一大优势

❑ 对象所有权的概念

❑ 为什么自定义析构函数可能有用，以及如何创建它们

❑ 三种赋值语义：共享语义、复制语义和移动语义

❑ 为什么隐式共享语义不利于软件正确性

❑ 为什么移动语义可能比复制语义具有更好的性能

❑ 为什么某些类型需要复制语义，而其他则不需要，以及如何指定

❑ 为什么某些类型需要不可克隆，以及如何指定该类型

21.1 确定性析构

到目前为止，我们已经看到了在栈和堆中分配对象的几种方法：

❑ 临时表达式，在栈中分配；

❑ 变量（包括数组），在栈中分配；

❑ 函数和闭包参数，在栈中分配；

❑ Box 对象，在栈中分配了引用，在堆中分配了引用的对象；

❑ 动态字符串和集合（包括向量），其标头分配在栈中，数据分配在堆中。

分配此类对象的实际（actual）时刻很难预测，因为它取决于编译器的优化。因此，让我们考虑一下这种分配的概念性（conceptual）时刻。

从概念上讲，每个栈分配都在相应的表达式首次出现在代码中时发生。所以：

❑ 临时表达式、变量和数组在代码中出现时进行分配；

❑ 函数和闭包参数在函数 / 闭包调用时进行分配；

❑ Box、动态字符串和集合的标头在代码中出现时分配。

每次堆分配都在需要此类数据时发生。所以：

❑ Box 对象由 Box::new 函数分配；

❑ 将一些字符添加到字符串时，分配动态字符串字符；

❑ 当一些数据添加到集合时，分配集合内容。

所有这些与大多数编程语言没有什么不同。那么何时发生数据项的重新分配（释放）呢？

从概念上讲，在 Rust 中，当不再可访问此类数据项时，释放将自动发生。所以：

❑ 当包含临时表达式的语句结束时（即在下一个分号处或当前作用域结束时），将释放临时表达式；

❑ 当变量（包括数组）的声明作用域结束时，它们将被释放；

❑ 函数和闭包参数在其函数 / 闭包块结束时被释放；

❑ 当包含 Box 对象的声明的作用域结束时，将对其进行释放；

❑ 当动态字符串中包含的字符从字符串中被删除时，或者字符串被释放时，它们都会被释放。

❑ 从集合中删除集合中包含的项时，或者无论如何当集合被释放时，它们都将被释放。

这是将 Rust 与大多数编程语言区分开的概念。在具有临时对象或栈分配对象的任何语言中，此类对象都会自动释放。但是对于不同的语言，堆分配对象的释放有所不同。

在某些语言中，例如 Pascal、C 和 C++，堆对象通常仅通过调用"free"或"delete"之类的函数显式释放。在其他语言中，例如 Java、JavaScript、C# 和 Python，当堆对象再也不可访问时，它们不会立即被释放，但是有一个定期运行的例程，该例程查找不可访问的堆对象并对其进行释放。该机制之所以被称为"垃圾收集"，是因为它类似于城市清洁系统：它会在一些垃圾已经堆积时定期清洁小镇。

因此，在 C++ 和类似语言中，堆释放是确定性的和显式的。它是确定性的，因为它发生在源代码的明确定义的位置。它是显式的，因为它要求程序员编写特定的释放语句。确定性是好的，因为它具有更好的性能，并且允许程序员更好地控制计算机中发生的事情。但是显式是不好的，因为如果错误地执行了释放，则会导致讨厌的错误。

相反，在 Java 和类似语言中，堆释放是不确定的和隐式的。它是不确定的，因为它发生在未知的执行时刻。它是隐式的，因为它不需要特定的释放语句。不确定性是不好的，但是隐式是好的。

与这两种技术不同的是，在 Rust 中，通常，堆释放都是确定性和隐式（deterministic and implicit）的，这是 Rust 与其他语言相比的一大优势。

这之所以是可能的，是因为有以下基于"所有权"概念的机制。

21.2　所有权

让我们介绍一下"拥有"（to own）一词。在计算机科学中，对于标识符或对象 A，"拥有"对象 B，意味着 A 负责释放 B，这意味着两件事：

❏ 只有（Only）A 可以释放 B。

❏ 当 A 变得不可访问时，A 必须（must）释放 B。

在 Rust 中，没有显式的释放机制，因此该定义可以改写为"A 拥有 B 意味着 B 在且仅在 A 变得不可访问时才被释放"。

```
let mut a = 3;
a = 4;
let b = vec![11, 22, 33, 44, 55];
```

在此程序中，变量 a 拥有一个最初包含值 3 的对象，因为当 a 超出其作用域，因此变得不可访问时，该初始值为 3 的对象将被释放。我们也可以说"a 是对象的所有者，其初始值为 3"。不过，我们不应该说"a 拥有 3"，因为 3 是一个值，而不是一个对象；只有对象才能被拥有。在内存中，可以有许多具有值 3 的对象，并且 a 只拥有其中之一。在上一个程序的第二条语句中，该对象的值更改为 4；但它的所有权没有改变：a 仍然是它的所有者。

在最后一条语句中，b 初始化为五个项的向量。这样的向量具有标头和数据缓冲区。标头实现为包含三个成员的结构：指向数据缓冲区的指针和两个数字；数据缓冲区包含五个项，可能还包含一些额外的空间。在这里我们可以说"b 拥有向量的标头，而向量标头中包含的指针拥有数据缓冲区"。确实，当 b 超出其作用域，向量标头被释放。该向量标头释放时，其包含的指针将变得不可访问，当该向量表示非空向量时，包含向量项的缓冲区也将被释放。

但是，并非每个引用都拥有对象。

```
let a = 3;
{
    let a_ref = &a;
}
print!("{}, a);
```

在这里，`a_ref` 变量拥有一个引用，但是该引用不拥有任何东西。确实，在嵌套块的末尾，`a_ref` 变量超出了其作用域，因此此引用被释放，但是不应立即释放已引用的对象（即值为 3 的数字），因为必须将其在最后的语句中打印。

为了确保引用每个对象时不再自动将其释放，Rust 具有一条简单的规则，即在每个执行时刻，每个对象都必须正好具有一个"所有者"，不多也不少。释放该所有者后，对象本身将被释放。如果有多个所有者，则可能会多次释放该对象，这是不允许的。如果没有所有者，则将永远无法释放该对象，这是一个名为"内存泄漏"的错误。

21.3 析构函数

我们看到对象创建有两个步骤：分配对象所需的内存空间，以及使用值初始化此类空间。对于复杂的对象，初始化非常复杂，以至于通常使用函数来完成。这些函数被命名为"构造函数"，因为它们"构造"新对象。

我们刚刚看到，当释放一个对象时，可能会发生一些相当复杂的事情。如果该对象引用堆中的其他对象，则可能会发生级联的释放。因此，甚至对象的"析构"可能也需要由一个名为"析构函数"(destructor) 的函数执行。

通常，析构函数是语言或标准库的一部分，但是有时在释放对象时可能需要执行一些清理代码，因此需要编写析构函数。

```
struct CommunicationChannel {
    address: String,
    port: u16,
}
impl Drop for CommunicationChannel {
    fn drop(&mut self) {
        println!("Closing port {}:{}",
            self.address, self.port);
    }
}

impl CommunicationChannel {
    fn create(address: &str, port: u16)
```

```
        -> CommunicationChannel
    {
        println!("Opening port {}:{}", address, port);
        CommunicationChannel {
            address: address.to_string(),
            port: port,
        }
    }
    fn send(&self, msg: &str) {
        println!("Sent to {}:{} the message '{}'",
            self.address, self.port, msg);
    }
}
let channel = CommunicationChannel::create(
    "usb4", 879);
channel.send("Message 1");
{
    let channel = CommunicationChannel::create(
        "eth1", 12000);
    channel.send("Message 2");
}
channel.send("Message 3");
```

此程序会打印：

```
Opening port usb4:879
Sent to usb4:879 the message 'Message 1'
Opening port eth1:12000
Sent to eth1:12000 the message 'Message 2'
Closing port eth1:12000
Sent to usb4:879 the message 'Message 3'
Closing port usb4:879
```

第二条语句为新声明的类型 CommunicationChannel 实现 trait Drop。这种由语言定义的 trait 具有独特的属性，即其唯一的方法（称为 drop）在对象被释放时会自动被准确调用，因此它是"析构函数"。通常，要为类型创建析构函数，只需为该类型实现 Drop trait。与程序中未定义的任何其他 trait 一样，无法为程序外部定义的类型实现它。

第三条语句是一个块，为我们的结构定义了两种方法：create 构造函数和 send 操作。

最后是应用程序代码。创建了一个通信通道，这样的创建会打印输出的第一行。发送一条消息，该操作将打印第二行。然后是一个嵌套块，在其中创建另一个通信通道，打印第三行，并通过该通道发送消息，打印第四行。

在嵌套块中创建的通道与跟现有变量同名的变量相关联，并导致该变量隐藏另一个变量。我们也可以为第二个变量使用不同的名称。

到目前为止，没有新鲜的内容。但是现在，嵌套块结束了。这将导致内部变量被销毁，因此将调用其 drop 方法，并打印出第五行。

现在，在嵌套块结束之后，第一个变量再次可见。向其发送另一条消息，导致打印最后一行。最后，销毁第一个变量，并打印最后一行。

在 Rust 中，语言和标准库已经释放了内存，因此不需要调用类似于 C 语言的 free 函数或 C++ 语言的 delete 运算符。但是其他资源不会自动释放。因此，析构函数对于释放文件句柄、通信句柄、GUI 窗口、图形资源和同步原语等资源非常有用。如果使用库来处理此类资源，则该库应已包含用于处理资源的任何类型的 Drop 的正确实现。

析构函数的另一个用途是更好地理解如何管理内存。

```rust
struct S ( i32 );
impl Drop for S {
    fn drop(&mut self) {
        println!("Dropped {}", self.0);
    }
}
let _a = S (1);
let _b = S (2);
let _c = S (3);
{
    let _d = S (4);
    let _e = S (5);
    let _f = S (6);
    println!("INNER");
}
println!("OUTER");
```

这将打印：

```
INNER
Dropped 6
Dropped 5
Dropped 4
OUTER
Dropped 3
Dropped 2
Dropped 1
```

请注意，对象的销毁顺序与其构建顺序完全相反，并且是在它们超出作用域时。

```rust
struct S ( i32 );
impl Drop for S {
    fn drop(&mut self) {
        println!("Dropped {}", self.0);
```

```
        }
    }
    let _ = S (1);
    let _ = S (2);
    let _ = S (3);
    {
        let _ = S (4);
        let _ = S (5);
        let _ = S (6);
        println!("INNER");
    }
    println!("OUTER");
```

这将打印：

```
Dropped 1
Dropped 2
Dropped 3
Dropped 4
Dropped 5
Dropped 6
INNER
OUTER
```

在此程序中，没有变量，只有变量占位符，因此所有对象都是临时的。临时对象在语句的末尾（即遇到分号时）被销毁。

该程序等效于以下程序：

```
struct S ( i32 );
impl Drop for S {
    fn drop(&mut self) {
        println!("Dropped {}", self.0);
    }
}
S (1);
S (2);
S (3);
{
    S (4);
    S (5);
    S (6);
    println!("INNER");
}
println!("OUTER");
```

21.4　赋值语义

以下程序做什么？

```rust
let v1 = vec![11, 22, 33];
let v2 = v1;
```

从概念上讲，首先，在栈中分配 v1 的标头。然后，由于此类向量具有内容，因此会在堆中分配针对此类内容的缓冲区，并将值复制到缓冲区上。然后初始化标头，以便它引用新分配的堆缓冲区。

然后，将 v2 的标头分配到栈中。然后，使用 v1 完成 v2 的初始化。但那是如何实现的呢？

通常，至少有三种方法可以实现这种操作：

❑ 共享语义。v1 的标头已复制到 v2 的标头，其他都没有发生。随后，v1 和 v2 都可以使用，并且它们都引用相同的堆缓冲区。因此，它们引用同一个内容，而不是两个相等但截然不同的内容。这种语义是通过垃圾收集语言（如 Java）实现的。

❑ 复制语义。分配了另一个堆缓冲区。它与 v1 使用的堆缓冲区一样大，并且现有缓冲区的内容被复制到新缓冲区中。然后初始化 v2 的标头，以便它引用新分配的缓冲区。因此，这两个变量引用了最初具有相同内容的两个不同的缓冲区。默认情况下，这是由 C++ 实现的。

❑ 移动语义。v1 的标头被复制到 v2 的标头，其他都没有发生。随后，可以使用 v2，它引用为 v1 分配的堆缓冲区，但是 v1 不能再使用（cannot be used anymore）。默认情况下，这是由 Rust 实现的。

```rust
let v1 = vec![11, 22, 33];
let v2 = v1;
print!("{}", v1.len());
```

此代码在最后一行生成 use of moved value: `v1`（使用移动了的值 `v1`）编译错误。当 v1 的值赋给 v2 时，变量 v1 不再存在。编译器不允许尝试使用它，甚至只是获取其长度也不行。

让我们看看为什么 Rust 不实现共享语义。首先，如果变量是可变的，则此类语义会有些混乱。使用共享语义，通过变量更改项后，通过另一个变量访问该项时，也会看到更改后的内容。它是不直观的，而且可能是错误的来源。因此，共享语义只能用于只读数据。

但是，在释放方面存在更大的问题。如果使用共享语义，则 v1 和 v2 都将拥有同一个数据缓冲区，因此当它们被释放时，同一堆缓冲区将被释放两次。一个缓冲区被释放两次会导致内存损坏，从而导致程序故障。为了解决此问题，使用共享语义的语言不会在使用此类内存的变量作用域的末尾释放内存，而是诉诸垃圾回收。

相反，复制语义和移动语义都是正确的。实际上，Rust 关于释放的规则是，任何对象都必须恰好具有一个所有者。使用复制语义时，原始向量缓冲区保留其单个所有者，即 v1 引用的向量标头，而新创建的向量缓冲区获取其单个所有者，即 v2 引用的向量标头。另一方面，当使用移动语义时，单个向量缓冲区会更改所有者：赋值之前，其所有者是 v1 引用的向量标头，赋值之后，其所有者是 v2 引用的向量标头。赋值之前，v2 标头尚不存在，赋值之后，v1 标头不再存在。

为什么 Rust 不实现复制语义呢？

实际上，在某些情况下，复制语义更合适，但在其他情况下，移动语义更合适。自 2011 年以来，甚至 C++ 也对复制语义和移动语义都支持了。

```cpp
#include <iostream>
#include <vector>
int main() {
    auto v1 = std::vector<int> { 11, 22, 33 };
    const auto v2 = v1;
    const auto v3 = move(v1);
    std::cout << v1.size() << " "
        << v2.size() << " " << v3.size();
}
```

此 C++ 程序将打印：0 3 3。首先将向量 v1 复制到向量 v2，然后将其移动到向量 v3。C++ move 标准函数会清空向量，但不会使它变得不确定。因此，最后，v2 具有三个项的副本，v3 仅具有为 v1 创建的原始三个项，而 v1 为空。

Rust 也支持复制语义和移动语义。

```rust
let v1 = vec![11, 22, 33];
let v2 = v1.clone();
let v3 = v1;
// ILLEGAL: print!("{} ", v1.len());
print!("{} {}", v2.len(), v3.len());
```

这将打印 3 3。

这个 Rust 程序类似于上面的 C++ 程序，但是在这里，由于移动了它，因此禁止在最后一行中访问 v1。在 C++ 中，默认语义是复制语义，并且需要调用 "move" 标准函数来进行移动，而在 Rust 中，默认语义是"move"，并且需要调用 "clone" 标准函数来进行复制。

另外，尽管 C++ 中 v1 移动的向量清空了，但仍然可以访问，但是在 Rust 中，这样的变量根本无法访问。

21.4.1 复制与移动性能对比

首选 Rust 支持移动语义的选择与性能有关。对于拥有堆缓冲区的对象（例如向量），移动它比复制它要快，因为向量的移动只是标头的复制，而向量的复制则需要分配并初始化一个可能很大的堆缓冲区，最终将释放该缓冲区。通常，Rust 的设计选择是允许任何操作，但对于更安全、更高效的操作，使用较小的语法。（即默认的语法）

另外，在 C++ 中，移动对象并非为了再被使用，而是为了使语言与遗留代码库向后兼容，移动对象仍然可以访问，并且程序员可能会错误地使用这些对象。此外，清空移动的向量有一个（小的）开销，当向量被析构时，应该检查它是否为空，并且也有一个（小的）开销。Rust 的设计避免了使用移动的对象，因此不可能错误地使用移动的向量，并且编译器可以生成更好的代码，因为它知道何时移动向量。

我们可以使用下面的代码来测量这种性能影响，它不是那么简单，因为否则编译器优化器将从循环中删除所有工作。

以下 Rust 程序使用复制语义。

```rust
use std::time::Instant;
fn elapsed_ms(t1: Instant, t2: Instant) -> f64 {
    let t = t2 - t1;
    t.as_secs() as f64 * 1000. + t.subsec_nanos() as f64 / 1e6
}
const N_ITER: usize = 100_000_000;
let start_time = Instant::now();
for i in 0..N_ITER {
    let v1 = vec![11, 22];
    let mut v2 = v1.clone(); // Copy semantics is used
    v2.push(i);
    if v2[1] + v2[2] == v2[0] {
        print!("Error");
    }
}
let finish_time = Instant::now();
print!("{} ns per iteration\n",
        elapsed_ms(start_time, finish_time) * 1e6 / N_ITER as f64);
```

以下是等效的 C++ 程序。

```cpp
#include <iostream>
#include <vector>
#include <ctime>
int main() {
    const int n_iter = 100000000;
    auto start_time = clock();
    for (int i = 0; i < n_iter; ++i) {
```

```cpp
        auto v1 = std::vector<int> { 11, 22 };
        auto v2 = v1; // Copy semantics is used
        v2.push_back(i);
        if (v2[1] + v2[2] == v2[0]) { std::cout << "Error"; }
    }
    auto finish_time = clock();
    std::cout << (finish_time - start_time) * 1.e9
        / CLOCKS_PER_SEC / n_iter << " ns per iteration\n";
}
```

以下 Rust 程序改为使用移动语义。它与前一个 Rust 程序的区别只是循环的第二行。

```rust
use std::time::Instant;
fn elapsed_ms(t1: Instant, t2: Instant) -> f64 {
    let t = t2 - t1;
    t.as_secs() as f64 * 1000. + t.subsec_nanos() as f64 / 1e6
}
const N_ITER: usize = 100_000_000;
let start_time = Instant::now();
for i in 0..N_ITER {
    let v1 = vec![11, 22];
    let mut v2 = v1; // Move semantics is used
    v2.push(i);
    if v2[1] + v2[2] == v2[0] {
        print!("Error");
    }
}
let finish_time = Instant::now();
print!("{} ns per iteration\n",
    elapsed_ms(start_time, finish_time) * 1e6 / N_ITER as f64);
```

以下是等效的 C++ 程序。

```cpp
#include <iostream>
#include <vector>
#include <ctime>
int main() {
    const int n_iter = 100000000;
    auto start_time = clock();
    for (int i = 0; i < n_iter; ++i) {
        auto v1 = std::vector<int> { 11, 22 };
        auto v2 = move(v1); // Move semantics is used
        v2.push_back(i);
        if (v2[1] + v2[2] == v2[0]) { std::cout << "Error"; }
    }
    auto finish_time = clock();
    std::cout << (finish_time - start_time) * 1.e9
        / CLOCKS_PER_SEC / n_iter << " ns per iteration\n";
}
```

这是在特定计算机上两种编译器启用了优化后编译出的程序获得的大约时间：

	Rust	C++
复制语义	157	87
移动语义	67	67

在 Rust 和 C++ 中，移动语义都比复制语义快。顺便说一下，当使用移动语义时，两种语言具有相同的性能，而当使用复制语义时，C++ 比 Rust 更好。

如果要移动或复制的对象不是小向量，而是大向量或对象链接树，则移动和复制之间的差异会更大。

21.4.2 移动和销毁对象

所有这些概念不仅适用于向量，还适用于引用了堆缓冲区的任何对象，例如 String 或 Box。

这是一个 Rust 程序：

```rust
let s1 = "abcd".to_string();
let s2 = s1.clone();
let s3 = s1;
// ILLEGAL: print!("{} ", s1.len());
print!("{} {}", s2.len(), s3.len());
```

它类似于如下 C++ 程序：

```cpp
#include <iostream>
#include <string>
int main() {
    auto s1 = std::string { "abcd" };
    const auto s2 = s1;
    const auto s3 = move(s1);
    std::cout << s1.size() << " "
        << s2.size() << " " << s3.size();
}
```

Rust 程序将打印 4 4，任何在程序末尾访问 s1 的尝试都会导致编译错误。C++ 程序将打印 0 4 4，因为移动的字符串 s1 已为空。

而这个 Rust 程序：

```rust
let i1 = Box::new(12345i16);
let i2 = i1.clone();
let i3 = i1;
// ILLEGAL: print!("{} ", i1);
print!("{} {}", i2, i3);
```

它类似于如下 C++ 程序：

```cpp
#include <iostream>
#include <memory>
int main() {
    auto i1 = std::unique_ptr<short> {
        new short(12345)
    };
    const auto i2 = std::unique_ptr<short> {
        new short(*i1)
    };
    const auto i3 = move(i1);
    std::cout << (bool)i1 << " " << (bool)i2 << " "
        << (bool)i3 << " " << *i2 << " " << *i3;
}
```

Rust 程序将打印 12345 12345，任何在程序末尾访问 i1 的尝试都会导致编译错误。C++ 程序将打印 0 1 1 12345 12345。在最后一条语句中，首先检查哪些唯一指针为空。只有 i1 为空，因为它已移至 i3。然后，打印由 i2 和 i3 引用的值。

对象不仅在用于初始化变量时移动，而且在为已经具有值的变量赋值时也会移动，如下所示：

```rust
let v1 = vec![false; 3];
let mut v2 = vec![false; 2];
v2 = v1;
v1;
```

以及在将值传递给函数参数时也会移动，如下所示：

```rust
fn f(v2: Vec<bool>) {}
let v1 = vec![false; 3];
f(v1);
v1;
```

以及当分配的对象当前未引用实际堆时，如下所示：

```rust
let v1 = vec![false; 0];
let mut v2 = vec![false; 0];
v2 = v1;
v1;
```

编译前三个程序中的任何一个，最后一个语句都会导致"使用移动的值"（use of a moved value）编译错误。

特别是，在最后一个程序中，即使 v1 和 v2 都为空，也将 v1 移动到 v2，因此没有使用堆。为什么？因为移动规则是由编译器应用的，所以它在运行时必须独立于对象的实际内容。

但是编译以下程序也会在最后一行导致错误。这是怎么回事呢？

```
struct S {}
let s1 = S {};
let s2 = s1;
s1;
```

在这里，编译器可以确保此类对象不包含对堆的引用，但它仍会抱怨移动。为什么 Rust 不为永远不会引用堆的这种类型使用复制语义呢？

这样做的理由是，虽然用户定义的类型 S 现在没有对内存的引用，但是在以后对该软件进行维护之后，一个对堆的引用可以很容易地添加为 S 的字段或 S 的字段的字段等。因此，如果我们现在为 S 实现复制语义，则在更改程序源码以将 String 或 Box 或集合直接或间接添加到 S 时，此语义更改将导致很多错误。因此，通常，最好保留移动语义。

21.4.3　对复制语义的需要

因此，我们已经看到，对于许多类型的对象，包括向量、动态字符串、箱子和结构，都使用了移动语义。但是，以下程序是有效的。

```
let i1 = 123;
let _i2 = i1;
let s1 = "abc";
let _s2 = s1;
let r1 = &i1;
let _r2 = r1;
print!("{} {} {}", i1, s1, r1);
```

它将打印："123 abc 123"。这是怎么回事呢？

原因是，对于原始数字、静态字符串和引用，Rust 不使用移动语义。对于这些数据类型，Rust 使用复制语义。

为什么？先前我们已经看到，如果一个对象可以拥有一个或多个堆对象，则其类型应实现移动语义。但是，如果它不能拥有任何堆内存，那么它也可以实现复制语义。移动语义对于原始类型是很麻烦的，并且不可能将它们更改为拥有某些堆对象。因此，对于它们来说，复制语义是安全、高效且方便的。

因此，一些 Rust 类型实现复制语义，而另一些实现移动语义。特别是，数字、布尔值、静态字符串、数组、元组和对任何类型的引用都实现了复制语义。与此相反，默认情况下，动态字符串、箱子、任何集合（包括向量）、枚举、结构和元组结构都实现了移动语义。

21.4.4　克隆对象

但是，关于对象的复制，还有另一个重要的区别。使用赋值可以很容易地复制实现了复制语义的所有类型。使用 clone 标准函数，还可以复制实现移动语义的对象。我们已经看到 clone 函数可以应用于动态字符串、箱子和向量。但是，对于某些类型，clone 函数不适用，因为没有合适的复制方法。考虑文件句柄、GUI 窗口句柄或互斥锁句柄。如果你复制其中之一，然后销毁其中一个副本，则底层资源将被释放，而该句柄的其他副本拥有的句柄都变得不一致。

因此，关于复制的能力，有三种类型的对象：

❑ 不拥有任何东西的对象，易于复制且复制开销很低。

❑ 拥有一些堆对象但不拥有外部资源的对象，可以复制，但运行时开销很高。

❑ 拥有外部资源（例如文件句柄或 GUI 窗口句柄）的对象，永远不要复制它们。

第一种对象的类型可以实现复制语义，因此应该这样做，因为更方便。我们称它们为"可复制对象"。

第二类对象的类型可以实现复制语义，但是应改为实现移动语义，以避免不必要的复制的运行时开销。而且，它们应该提供显式复制它们的方法。我们称它们为"可克隆但不可复制的对象"。

第三类对象的类型也应实现移动语义，但它们不应提供显式复制它们的方法，因为它们拥有 Rust 代码不能复制的资源，并且这种资源应只有一个所有者。我们称它们为"不可克隆对象"。

当然，任何可以自动复制的对象也可以显式复制，因此任何可复制的对象也是可克隆的对象。

总而言之，有些对象是不可克隆的（例如文件句柄），而另一些是可克隆的（显式）。一些可克隆对象也是（隐式）可复制的（例如数字），而另一些则是不可复制的（例如集合）。

为了区分这三个类别，Rust 标准库包含两个特定的 trait：Copy 和 Clone。实现 Copy trait 的任何类型都是可复制的；实现 Clone trait 的任何类型都是可克隆的。

因此，上述三种 trait 以如下方式说明：

❑ 同时实现 Copy 和 Clone 的对象（如原始数字）是"可复制的"（也是"可克隆的"）。它们实现复制语义，也可以显式克隆它们。

❑ 实现 Clone 但不实现 Copy 的对象（如集合）是"可克隆但不可复制的"。它们实现了移动语义，但是可以显式克隆它们。

❑ 既不实现 Copy 也不实现 Clone 的对象（如文件句柄）是"不可克隆的"（也是"不可复制的"）。它们实现了移动语义，但无法被克隆。

❑ 没有对象可以实现 Copy 但不实现 Clone。这意味着没有对象是"可复制但不可克隆的"，因为这样的对象将被隐式而非显式地复制，这是没有意义的。

这是所有这些情况的示例：

```
let a1 = 123;
let b1 = a1.clone();
let c1 = b1;
print!("{} {} {}", a1, b1, c1);

let a2 = Vec::<bool>::new();
let b2 = a2.clone();
let c2 = b2;
print!(" {:?}", a2);
// ILLEGAL: print!("{:?}", b2);
print!(" {:?}", c2);

let a3 = std::fs::File::open(".").unwrap();
// ILLEGAL: let b3 = a3.clone();
let c3 = a3;
// ILLEGAL: print!("{:?}", a3);
print!(" {:?}", c3);
```

该程序打印："123 123 123 [] [] File"，然后显示有关当前目录的一些信息。只有注释掉了三个非法语句，才可以编译它。

首先，将 a1 声明为原始数字。这种类型是可复制的，因此既可以显式克隆到 b1，也可以隐式复制到 c1。因此，存在三个具有相同值的不同对象，我们可以将它们全部打印出来。

然后，将 a2 声明为一个集合，特别是布尔向量。这样的类型是可克隆但不可复制的，因此可以将其显式克隆到 b2，但是将 b2 赋值给 c2 是一个移动，这使 b2 处于未定义状态，因此，赋值之后，可以打印 a2 和 c2，但是尝试编译打印 b2 的语句会生成一条错误消息：使用了被移动的值："b2"（use of moved value: `b2`）。

最后，将 a3 声明为资源句柄，尤其是文件句柄。这种类型是不可克隆的，因此尝试编译克隆 a3 的语句将生成一条错误消息：在当前作用域内，找不到类型为 std::fs::File 的名为"clone"的方法（no method named `clone` found for type `std::fs::File` in the current scope）。可以将 a3 分配给 c3，但这是一个移动，因此我们可以打印 a3 的一些调试信息，但是尝试编译打印 a3 的语句会产生以下错误消息：使用了被移动的值："a3"（use of moved value: `a3`）。

21.4.5 使类型可克隆或可复制

如前所述，默认情况下，枚举、结构和元组结构既不实现 Copy trait 也不实现 Clone trait，因此它们是不可克隆的。但是，你可以为 Clone trait 和 Copy trait 中的每一个实现单个 Clone trait。

以下程序是非法的：

```
struct S {}
let s = S {};
s.clone();
```

但是实现了 Clone 就足以使其合法。

```
struct S {}
impl Clone for S {
    fn clone(&self) -> Self { Self {} }
}
let s = S {};
s.clone();
```

请注意，要实现 Clone，需要定义 clone 方法，该方法必须返回一个类型必须等于其参数类型的值。该值也应等于其参数值，但不进行检查。

实现 Clone 不会自动实现 Copy，因此以下程序是非法的：

```
struct S {}
impl Clone for S {
    fn clone(&self) -> Self { Self {} }
}
let s = S {};
s.clone();
let _s2 = s;
s;
```

但实现 Copy 也足以使其合法。

```
struct S {}
impl Clone for S {
    fn clone(&self) -> Self { Self {} }
}
impl Copy for S {}
let s = S {};
s.clone();
let _s2 = s;
s;
```

注意，Copy 的实现可以为空，声明此 Copy 已经实现就足以激活复制语义。

但是，以下程序是非法的：

```
struct S {}
impl Copy for S {}
```

错误消息解释了原因："不满足 trait 绑定 `main::S: std::clone::Clone`"（the trait bound `main::S: std::clone::Clone` is not satisfied）。仅当也实现了 Clone trait 时，才可以实现 Copy trait。

但是以下程序也是非法的：

```
struct S { x: Vec<i32> }
impl Copy for S {}
impl Clone for S {
    fn clone(&self) -> Self { *self }
}
```

错误消息显示："此类型不可实现 trait 'Copy'"（the trait `Copy` may not be implemented for this type），这个类型指的是类型 Vec<i32>。

该程序尝试为包含向量的结构实现 Copy trait。Rust 仅允许对仅包含可复制对象的类型实现复制 trait，因为复制对象意味着复制其所有成员。在此，Vec 未实现 Copy trait，因此 S 无法实现它。

相反，以下程序是合法的：

```
struct S { x: Vec<i32> }
impl Clone for S {
    fn clone(&self) -> Self {
        S { x: self.x.clone() }
    }
}
let mut s1 = S { x: vec![12] };
let s2 = s1.clone();
s1.x[0] += 1;
print!("{} {}", s1.x[0], s2.x[0]);
```

它将打印："13 12"。

在这里，S 结构不可复制，但是可以克隆，因为它实现了 Clone trait。因此，可以将 s1 的副本赋值给 s2。之后，修改 s1，而 print 语句显示了现在它们是不同的。

借用和生命周期

在本章中，你将学习：

❑ "借用"和"生命周期"的概念

❑ 有关借用的困扰系统软件的典型编程错误

❑ Rust 严格的语法如何使用借用检查器防止此类典型错误

❑ 插入块如何限制借用范围

❑ 为什么返回引用的函数需要生命周期说明符

❑ 如何使用函数的生命周期说明符及其含义

❑ 借用检查器的任务是什么

22.1　所有权和借用

我们已经看到，当将变量 "a" 赋值给变量 "b" 时，有两种情况：第一种情况，它们的类型是可复制的，即它实现了 "Copy" trait（并且确实也实现了 "Clone" trait）；第二种情况，它们的类型不可复制，即它没有实现 "Copy" trait（并且可能实现也可能没有实现 Clone trait）。

在第一种情况下，使用复制语义（copy semantics）。这意味着，在该赋值中，虽然 "a" 保留其对象的所有权，但会创建一个新对象，该对象最初等于 "a" 表示的对象，而 "b" 获得此新对象的所有权。当 "a" 和 "b" 超出其作用域时，它们拥有的对象将被销毁（也称为"丢弃"）。

在第二种情况下，使用移动语义（move semantics）。这意味着，在该赋值中，"a" 将其对象的所有权移交给 "b"，没有创建对象，并且 "a" 不再可访问。当 "b" 超出其作用域时，其拥有的对象将被销毁。当 "a" 超出其作用域时，什么也不会发生。

只要不使用引用，所有这些就保证了内存的正确管理。

但是看下面这个合法的代码：

```
let n = 12;
let ref_to_n = &n;
```

在第一个语句之后，"n" 变量拥有一个数字。

在第二条语句之后，"ref_to_n" 变量拥有一个引用，并且该引用引用了由 "n" 引用的相同数字。这是所有权吗？

它不能是所有权，因为该数字已由 "n" 拥有，并且如果该引用也将其拥有，则它将被销毁两次。因此，像这样的引用永远不会拥有对象。

"n" 和 "*ref_to_n" 表达式引用同一对象，但仅 "n" 变量拥有它。"ref_to_n" 变量可以访问该对象，但它不拥有它。这样的概念称为"借用"（borrowing）。我们说 "ref_to_n" "借用" "n" 拥有的相同数字。当引用开始引用该对象时，这种借用开始，而当引用被销毁时，这种借用结束。

关于可变性，有两种借用方式：

```
let mut n = 12;
let ref1_to_n = &mut n;
let ref2_to_n = &n;
```

在此程序中，"ref1_to_n" 变量可变地（mutably）借用 "n" 拥有的数字，而 "ref2_to_n" 变量不可变地（immutably）借用该对象。第一个是可变借用（mutable borrowing），而第二个是不可变借用（immutable borrowing）。当然，你只能从可变变量中执行可变借用。

22.2　对象生命周期

注意，"作用域"的概念适用于编译时变量，而不适用于运行时对象。有关运行时对象的相应概念称为"生命周期"（lifetime）。在 Rust 中，对象的生命周期是创建对象的指令执行和销毁对象的指令执行之间的指令执行顺序。在此时间间隔内，该对象被称为"存活"或"活着"。

当然，作用域和生命周期之间存在联系，但是它们不是同一概念。例如：

```
let a;
a = 12;
print!("{}", a);
```

在此程序中，"a" 变量的作用域从第一行开始，而 "a" 拥有的对象的生命周期从第二行开始。通常，变量的作用域在声明该变量时开始，而对象的生命周期在该对象接收到值时开始。

甚至变量作用域的结束也不一定总是与其拥有的对象的生命周期结束点重合。

```
let mut a = "Hello".to_string();
let mut b = a;
print!("{}, ", b);
a = "world".to_string();
print!("{}!", a);
b = a;
```

这将打印 "Hello, world!"。

在第一条语句中，声明并初始化 "a" 变量。因此，"a" 的作用域开始，并且创建 "a" 拥有的对象，因此其生命周期开始。

在第二条语句中，通过移动 "a" 变量来声明和初始化 "b" 变量。因此，"b" 的作用域开始，并且 "a" 的作用域暂停，因为它已移动，因此不再可访问。不会创建 "b" 拥有的对象，因为它与上一条语句创建的对象相同。

在第三条语句中，访问 "b"（及其拥有的对象）。在此语句中访问 "a" 将是非法的。

在第四条语句中，通过创建新字符串为 "a" 变量赋予新值。在此，"a" 恢复其作用域，此作用域尚未结束。创建了一个新对象，因此它的生命周期从这里开始。"a" 变量已被"移动"，因此它没有任何对象。因此，该语句类似于初始化。

在第五条语句中，访问 "a"（及其拥有的对象）。

在第六条语句中，"a" 再次移动至 "b"，因此其作用域再次暂停。相反，"b" 是活动的，并保持活动状态。"b" 拥有的对象被替换为从 "a" 移出的对象，因此先前的对象在此处被销毁，并终止了其生命周期。如果该对象的类型实现了 "Drop" trait，则将在此语句上对先前由 "b" 拥有的对象调用其 "drop" 方法。

在程序结束时，首先 "b" 退出其作用域，然后是 "a"。"b" 变量拥有一个对象（包含"world"字符串），因此该对象现在已销毁，从而终止了其生命周期。相反，"a" 变量刚才就"移动"走了，因此它什么都不拥有，也没有销毁其他东西。

22.3 关于借用的错误

Rust 通过设计避免了困扰着用 C 和 C++ 编写的程序的错误。其中一个是上一章中看到的"移动后使用"错误。以下程序展示了另一个错误：

```
let ref_to_n;
{
    let n = 12;
    ref_to_n = &n;
    print!("{} ", *ref_to_n);
}
print!("{}", *ref_to_n);
```

首先，声明但未初始化 "ref_to_n" 变量。然后，在内部块中，声明并初始化了 "n" 可变变量，因此它在栈中分配了一个数字，其值为 12。

然后，使用对 "n" 变量的引用来初始化前一个变量，因此它借用了该对象。

然后，打印由 "ref_to_n" 变量引用的对象，其值为 12。

然后，内部块结束，因此内部变量 "n" 结束其作用域，其对象被销毁。

然后，再次打印 "ref_to_n" 变量引用的对象。但是这样的对象是 "n" 变量拥有的对象，它现在已经不存在了！幸运的是，Rust 编译器拒绝了此代码，在关闭该块的大括号处发出了错误消息 "n 的生命周期不够长"（"`n` does not live long enough"）。该消息意味着 "n" 变量正在消亡，但是仍然存在一些对其拥有的对象的引用，因此它的生命周期应该更长一些，至少应该与它所拥有的对象的所有借用者一样长。

顺便说一下，对应的 C 和 C++ 程序是这样的：

```
#include <stdio.h>
int main() {
    int* ref_to_n;
    {
        int n = 12;
        ref_to_n = &n;
        printf("%d ", *ref_to_n);
    }
    printf("%d", *ref_to_n);

    return 0;
}
```

这样的程序会被 C 和 C++ 编译器所接受。结果程序将打印 "12"，然后以无法预测的方式运行（通常会打印另一个数字）。

我们将这种编程错误命名为"丢弃后使用"。

但是 Rust 还避免了另一种错误，如以下程序所示：

```
let mut v = vec![12];
let ref_to_first = &v[0];
v.push(13);
print!("{}", ref_to_first);
```

对应的 C 语言程序是：

```
#include <stdio.h>
#include <stdlib.h>
int main() {
    int* v = malloc(1 * sizeof (int));
    v[0] = 12;
    const int* ref_to_first = &v[0];
    v = realloc(v, 2 * sizeof (int));
    v[1] = 13;
    printf("%d", *ref_to_first);
    free(v);
}
```

在 C++ 中的写法是：

```
#include <iostream>
#include <vector>
int main() {
    std::vector<int> v { 12 };
    const int& ref_to_first = v[0];
    v.push_back(13);
    std::cout << ref_to_first;
}
```

不用说，后两个程序被各自的编译器所接受，即使它们的行为未定义。相反，Rust 编译器拒绝第一个程序，并发出错误消息"无法把 v 借用为可变的，因为它也被借用为不可变的"（"cannot borrow `v` as mutable because it is also borrowed as immutable"）。让我们看看这个程序有什么问题。

首先，使用仅包含数字 12 的向量对象声明并初始化可变变量 "v"。

然后，声明 "ref_to_first" 变量并使用对 "v" 的第一项的引用进行初始化。因此，它是对包含数字 12 的对象的引用。

然后，将另一个数字添加到向量中，其值为 "13"。但是，这样的插入可能导致在包含向量项的缓冲区的另一位置重新分配。即使在这种情况下，"ref_to_first" 变量也将继续引用旧的、不再有效的内存位置。

最后，读取可能错误的旧存储位置，并打印其值，结果无法预测。

此错误是由于在向量中插入项或从向量中删除项都会使对该向量的所有引用"无效"。通常，此错误属于更广泛的错误类别，其中，可以通过多个路径或别名访问数据结构，当使用一个别名更改数据结构时，另一别名不能正确使用它。

我们将这种编程错误命名为"别名更改后使用"。

22.3.1 如何防止"丢弃后使用"错误

Rust 用来防止使用已经丢弃的对象的技术很简单：只需考虑按照栈分配标准将变量直接引用的对象以声明变量的相反顺序（而不是以初始化的相反顺序）丢弃。

```rust
struct X(char);
impl Drop for X {
    fn drop(&mut self) {
        print!("{}", self.0);
    }
}
let _a = X('a');
let _b;
let _c = X('c');
_b = X('b');
```

该程序将打印 "cba"。这三个对象以 "acb" 的顺序构造，但是拥有它们的三个变量以 "abc" 的顺序分配，因此释放和丢弃遵循相反的顺序。

为了避免使用丢弃的对象，需要借用另一个变量所拥有的对象的所有变量都必须在该变量之后声明。

检查以下代码：

```rust
let n = 12;
let mut _r;
let m = 13;
_r = &m;
_r = &n;
```

此代码生成错误消息："m 的生命周期不够长"（"`m` does not live long enough"）。这是因为 "_r" 是从 "m" 和 "n" 两者借来的，尽管它不是同时引用两者，而是在 "m" 之前声明。要得到正确的程序，应删除第四行，或交换第二行和第三行。

```rust
let n = 12;
let m = 13;
let mut _r;
_r = &m;
_r = &n;
```

这是有效的，因为当丢弃 "n" 和 "m" 拥有的对象时，将不再有对其的引用。

22.3.2　如何防止"别名更改后使用"错误

避免使用已通过另一个变量更改的对象的规则有些复杂。

首先，需要考虑任何读取对象但不写入对象的语句，例如该对象的临时不可变（temporary immutable）借用，以及任何更改对象的语句，如该对象的临时可变（temporary mutable）借用。此类借用在该语句中开始和结束。

然后，需要记住，每当获取对一个对象的引用并将其赋值给变量时，便会开始借用。借用在该变量作用域的末尾结束。

这是一个例子：

```
let a = 12;
let mut b = 13;
print!("{} ", a);
{
    let c = &a;
    let d = &mut b;
    print!("{} {} ", c, d);
}
b += 1;
print!("{}", b);
```

这将打印 "12 12 13 14"。

在第三行和最后一行，都有不可变借用开始并结束。在第五行开始不可变借用，在第六行开始可变借用，它们都在第八行的闭括号处结束。在第九行，可变借用开始并结束。

那么，规则很简单，在代码的任何位置上，任何对象都不能同时具有可变借用和其他借用。

换句话说，它可以：

❏　无借用

❏　具有单个可变借用

❏　具有单个不可变借用

❏　具有几个不可变借用

但是它不能：

❏　具有几个可变借用

❏　同时具有单个可变借用和一个或多个不可变借用

22.4 多重借用的可能情况

以下是所有六种允许的情况。

第一种情况：

```
let a = 12;
let _b = &a;
let _c = &a;
```

这里有两个不可变借用，它们都一直保留到最后。

第二种情况：

```
let mut a = 12;
let _b = &a;
print!("{}", a);
```

当两个不可变借用都成立时，先进行一个不可变借用，然后是一个临时不可变借用。

第三种情况：

```
let mut a = 12;
a = 13;
let _b = &a;
```

当第一个借用已经结束时，先进行一个临时可变借用，然后是一个不可变借用。

第四种情况：

```
let mut a = 12;
a = 13;
let _b = &mut a;
```

当第一个借用已经结束时，先进行一个临时可变借用，然后是一个可变借用。

第五种情况：

```
let mut a = 12;
print!("{}", a);
let _b = &a;
```

当第一个借用已经结束时，先进行一个临时不可变借用，然后是一个不可变借用。

第六种情况：

```
let mut a = 12;
print!("{}", a);
let _b = &mut a;
```

当第一个借用已经结束时，先进行一个临时不可变借用，然后是一个可变借用。

下面是所有六种非法的情况。

第一种情况：

```
let mut a = 12;
let _b = &mut a;
let _c = &a;
```

这里有一个可变借用和一个不可变借用，两者都将保留到最后。编译器发出错误消息："不能把 a 借用为不可变的，因为它也被借用为可变的"（"cannot borrow `a` as immutable because it is also borrowed as mutable"）。

第二种情况：

```
let mut a = 12;
let _b = &a;
let _c = &mut a;
```

这里有一个不可变借用和一个可变借用，两者都将保留到最后。编译器发出错误消息："不能把 a 借用为可变的，因为它也被借用为不可变的"（"cannot borrow `a` as mutable because it is also borrowed as immutable"）。

第三种情况：

```
let mut a = 12;
let _b = &mut a;
let _c = &mut a;
```

这里有两个可变借用，两者都将保留到最后。编译器发出错误消息："不能在同一时间把 a 多次借用为可变的"（cannot borrow `a` as mutable more than once at a time）。

第四种情况：

```
let mut a = 12;
let _b = &a;
a = 13;
```

先进行不可变借用，再进行临时可变借用。编译器发出错误消息："由于 a 被借用而无法对其赋值"（"cannot assign to `a` because it is borrowed"）。

第五种情况：

```
let mut a = 12;
let _b = &mut a;
a = 13;
```

先进行可变借用，再进行临时可变借用。编译器发出错误消息："由于 a 被借用而无法对其赋值"（"cannot assign to `a` because it is borrowed"）。

第六种情况：

```
let mut a = 12;
let _b = &mut a;
print!("{}", a);
```

先进行可变借用，再进行临时不可变借用。编译器发出错误消息："不能把 a 借用为不可变的，因为它也被借用为可变的"（"cannot borrow `a` as immutable because it is also borrowed as mutable"）。

为明确起见，让我们以另一种方式来重复表达相同的规则。在当前未借用的对象上只允许以下操作：

1. 它只能不可变地借用几次，然后它只能由所有者和任何借用者读取。

2. 它只能可变地借用一次，然后只能通过这个借用者进行读取或更改。

22.5　使用块来限制借用作用域

当对象的借用结束时，该对象就可用于其他借用。我们已经看到临时借用只限于单个语句，但是任何类型的借用都可以使用块来限制。

```
let mut a = 12;
{
    let b = &mut a;
    *b += 1;
}
let c = &mut a;
*c += 2;
```

这是合法的，因为从第三行开始的借用在第五行结束，因此在第七行，"a" 可用于另一次借用。

这在调用函数时非常典型。前面的代码与下面的代码等效，其中前面的代码块已被转换为一个函数定义和对其进行的一次调用：

```
let mut a = 12;
fn f(b: &mut i32) {
    *b += 1;
}
f(&mut a);
let c = &mut a;
*c += 2;
```

第22章 借用和生命周期 ❖ 269

调用 "f" 函数时，将在 "a" 拥有的对象上开始一个可变借用。但是当函数结束时，无论出于何种原因，这种借用都将终止，因此可以通过 "c" 或其他函数调用来借用此对象。

Rust 采用这些规则以确保自动确定性内存释放，并避免无效引用。但是，奇怪的是，由于其他原因，这些规则已经在计算机科学中广为人知。"只允许一个写入者或几个读取者"是避免并发编程中所谓的 "数据争用" 的规则。因此，该规则还允许 Rust 进行无数据争用的并发编程。

另外，避免数据争用对单线程程序的性能也有很好的影响，因为它可以简化 CPU 缓存的一致性。

22.6 返回引用对生命周期说明符的需求

现在看这段代码：

```
let v1 = vec![11u8, 22];
let result;
{
    let v2 = vec![33u8];
    result = {
        let _x1: &Vec<u8> = &v1;
        let _x2: &Vec<u8> = &v2;
        _x1
    }
}
print!("{:?}", *result);
```

它将打印 "[11, 22]"。

这里有两个向量，分别由变量 "v1" 和 "v2" 拥有。然后，这些向量被变量 "_x1" 和 "_x2" 拥有的两个引用所借用。因此，在第七行之后，"_x1" 借用 "v1" 拥有的向量，而 "_x2" 借用 "v2" 拥有的向量。这是合法的，因为在 "v1" 之后声明了 "_x1"，在 "v2" 之后声明了 "_x2"，因此这些引用的生命周期短于它们借用的对象。

在第八行，有简单表达式 "_x1"。因为它是块的最后一个表达式，所以该表达式的值成为该块本身的值，因此该值用于初始化 "result" 变量。该值是对 "v1" 拥有的向量的引用，因此 "result" 变量也借用了该向量。这也是合法的，因为在 "v1" 之后声明了 "result"，所以它可以借用 "v1" 拥有的对象。

现在，做一个微小的更改：将第八行中的 "1" 替换为 "2"。

```
let v1 = vec![11u8, 22];
let result;
```

```
{
    let v2 = vec![33u8];
    result = {
        let _x1: &Vec<u8> = &v1;
        let _x2: &Vec<u8> = &v2;
        _x2
    }
}
print!("{:?}", *result);
```

这将生成编译错误："v2 的生命周期不够长"（"`v2` does not live long enough"）。发生这种情况是因为现在 "result" 从 "_x2" 表达式中获取其值，并且当 "_x2" 借用 "v2" 拥有的向量时，"result" 也借用该向量。但是 "result" 在 "v2" 之前声明，因此它不能借用 "v2" 的对象。

所有这些推理只是对我们已经看到的关于借用的回顾，但它显示了借用如何在几行内就会变得很复杂。顺便说一下，Rust 编译器专门用于这种推理的部分称为"借用检查器"（borrow checker）。我们已经看到借用检查器有很多工作要做。

现在，让我们尝试通过在函数中封装最内部的代码块来转换前面的两个程序。第一个程序变为：

```
let v1 = vec![11u8, 22];
let result;
{
    let v2 = vec![33u8];
    fn func(_x1: &Vec<u8>, _x2: &Vec<u8>) -> &Vec<u8> {
        _x1
    }
    result = func(&v1, &v2);
}
print!("{:?}", *result);
```

第二个程序变为：

```
let v1 = vec![11u8, 22];
let result;
{
    let v2 = vec![33u8];
    fn func(_x1: &Vec<u8>, _x2: &Vec<u8>) -> &Vec<u8> {
        _x2
    }
    result = func(&v1, &v2);
}
print!("{:?}", *result);
```

它们之间的唯一区别是 "func" 函数的函数体。

根据到目前为止的规则，第一个程序应该合法，而第二个程序则是非法的。但是 "func" 函数的两个版本本身（per se）都是合法的。只是借用检查器会发现它们与它们的特定用法不兼容。

正如我们已经看到的使用 trait 的泛型函数参数边界一样，根据函数体的内容（contents of the body）来考虑函数调用是否合法是不好的。主要原因是错误消息只有那些了解函数体内部代码的人才能理解。另一个原因是，如果任何被调用函数的函数体可以使调用该函数的代码有效或无效，则为确保 "main" 函数有效，借用检查器应分析该程序的所有函数。这样的全程序分析将会极其复杂。

因此，类似于泛型函数，返回引用的函数也必须在函数签名界限处隔离借用检查。需要借用检查的任何函数仅考虑其签名、函数体和任何被调用的函数的签名，而不用考虑被调用函数的函数体。

因此，前面的两个程序都发出编译错误："缺少生命周期说明符"（"missing lifetime specifier"）。"生命周期说明符"是对函数签名的修饰，允许借用检查器单独检查该函数的函数体以及对该函数的任何调用。

22.6.1　生命周期说明符的用法和意义

为了讨论函数调用和生命周期，用一个简单的函数示例。

```
fn func(v1: Vec<u32>, v2: &Vec<bool>) {
    let s = "Hello".to_string();
}
```

在任何 Rust 函数中，只能引用：

1. 函数参数拥有的对象（如 "v1" 拥有的向量）；
2. 局部变量拥有的对象（如 "s" 拥有的动态字符串）；
3. 临时对象（如动态字符串表达式 "Hello".to_string()）；
4. 静态对象（如字符串字面量 "Hello"）；
5. 由函数参数借用，以及由先于当前函数调用存在的某个变量所拥有的对象（如 "v2" 借用的向量）。

当函数返回引用时，此类引用不能引用该函数的参数所拥有的对象（情况 1），或该函数的局部变量所拥有的对象（情况 2）或临时对象（情况 3），因为当函数返回时，每个局部变量、每个函数参数和每个临时对象都会被销毁。所以，这样的引用将是悬而未决的。

相反，函数返回的引用可以引用静态对象（情况 4），也可以引用函数参数借用的对象（情况 5）。

这是最后两种情况中的第一个示例（尽管 Rust 其实不允许此代码）：

```rust
fn func() -> &str {
    "Hello"
}
```

这是另一种情况的示例：

```rust
fn func(v: &Vec<u8>) -> &u8 {
    &v[3]
}
```

因此，借用检查器仅对返回值中包含的引用感兴趣，此类引用可以分为两种：引用静态对象，或借用一个作为参数接收的对象。为了在不分析函数体的情况下完成其工作，借用检查器需要知道哪些返回的引用引用了静态对象，哪些借用了一个作为参数接收的对象。而在第二种情况下，如果多个对象作为参数接收，需要知道这些对象中哪个由任何非静态返回的引用借用。

让我们看一个没有生命周期说明符，并因此是非法的函数签名：

```rust
trait Tr {
    fn f(flag: bool, b: &i32, c: (char, &i32)) -> (&i32, f64, &i32);
}
```

此函数签名在其参数中有两个引用，在其返回值类型中也有两个引用。最后两个引用中的每一个都可以引用一个静态对象，或者可以借用 "b" 参数已经借用的对象，或者可以借用 "c" 参数的第二个字段已经借用的对象。

以下是指定可能情况的语法：

```rust
trait Tr {
    fn f<'a>(flag: bool, b: &'a i32, c: (char, &'a i32))
        -> (&'a i32, f64, &'static i32);
}
```

在函数名之后，添加了一个参数列表，就像用于泛型函数的列表一样。但是有一个生命周期说明符，而不是类型参数。

"<'a>" 子句只是一个声明。它的意思是：<< 在此函数签名中，使用了生命周期说明符；其名称为 "a">>。名称 "a" 是任意的。它只是意味着在所有出现它的地方，这些事件都具有相同含义（match）。它与泛型函数的类型参数相似，因此有必要将生命周期说明符与

类型参数区分开。带前缀的单引号用来进行区分。另外，按照惯例，类型参数以大写字母
开头，而生命周期说明符是单个小写字母，如 "a" "b" 或 "c"。

然后，此签名包含 "'a" 生命周期说明符的其他三次出现，分别在 "b" 参数的类型中，
在 "c" 参数的类型的第二个字段和返回值类型的第一个字段中。相反，返回值类型的第三
个字段由 "'static" 生命周期说明符注释。

使用这样的 "a" 生命周期说明符意味着："返回值的第一个字段借用了 b 参数和 c 参数
的第二个字段已经借用的同一对象，因此它的生命周期必须短于此类对象"。

而使用 "static" 生命周期说明符意味着："返回值的第三个字段引用一个静态对象，
因此它可以在任何时间使用，甚至在整个过程都可以用"。

当然，这只是一种可能的生命周期注释。以下是另一个：

```
trait Tr {
    fn f<'a>(flag: bool, b: &'a i32, c: (char, &i32))
        -> (&'static i32, f64, &'a i32);
}
```

在本例中，返回值的第一个字段具有静态生命周期，这意味着它的生存时间不比其他
对象短。相反，返回值的第三个字段与 "b" 参数具有相同的生命周期说明符，这意味着它
借用相同的对象时，生存期应短于 "b"。"c" 参数类型的引用没有注释，因为返回值中的任
何引用都不会借用它引用的对象。

这是另一个可能的生命周期注释：

```
trait Tr {
    fn f<'a, 'b, T1, T2>(flag: bool, b: &'a T1, c: (char, &'b i32))
        -> (&'b i32, f64, &'a T2);
}
```

该泛型函数具有两个生命周期参数以及两个类型参数。生命周期参数 "a" 指定返回值
的第三个字段借用 "b" 参数已借用的对象，而生命周期参数 "b" 指定返回值的第一个字段
借用 "c" 参数的第二个字段已借用的对象。此外，该函数通常使用两个类型参数 "T1" 和
"T2"，此处没有 trait 界限。

22.6.2　检查生命周期说明符的有效性

我们说过，借用检查器在编译任何函数时都有两项工作：
❑ 检查该函数的签名对于其本身及其函数体是否有效。
❑ 检查该函数的函数体是否有效，考虑该函数体内调用的任何函数的签名。

在本节中，我们将看到此类工作中的第一项。

如果在函数返回值中没有引用，则借用检查器没有要检查的内容。

否则，对于返回值类型中包含的每个引用，它都必须检查其是否具有适当的生命周期说明符。

这样的说明符可以是 "static"。在这种情况下，这样的引用必须引用静态对象。

```
static FOUR: u8 = 4;
fn f() -> (bool, &'static u8, &'static str, &'static f64) {
    (true, &FOUR, "Hello", &3.14)
}
print!("{} {} {} {}",
    f().0, *f().1, f().2, *f().3);
```

它将打印："true 4 Hello 3.14"。这是有效的，因为返回的所有三个引用实际上都是静态对象。

相反，程序

```
fn f(n: &u8) -> &'static u8 {
    n
}
print!("{}", *f(&12));
```

将产生编译错误："引用的生命周期超过所借用内容的生命周期 ..."（"lifetime of reference outlives lifetime of borrowed content..."）。这是非法的，因为返回值不是对静态对象的引用；它实际上是作为参数接收的相同值，因此，这样的返回值借用了与函数参数所引用的对象相同的对象。

另一个允许的生命周期说明符是在参数列表中定义的，紧随函数名之后。

```
fn f<'a, 'b>(x: &'a i32, y: &'b i32) -> (&'b i32, bool, &'a i32) {
    (y, true, x)
}
let i = 12;
let j = 13;
let r = f(&i, &j);
print!("{} {} {}", *r.0, r.1, *r.2);
```

它将打印："13 true 12"。这个程序是有效的，因为作为元组的第一个字段返回的引用是 "y" 表达式的值，并且 y 参数具有与返回值的第一个字段相同的生命周期说明符，对于它们两者来说都是 "b"。返回值的第三个字段和参数 "x"，也具有相同的对应关系；它们都具有 "a" 生命周期规范。

相反，如下程序

```
fn f<'a, 'b>(x: &'a i32, y: &'b i32) -> (&'b i32, bool, &'a i32) {
    (x, true, y)
}
let i = 12;
let j = 13;
let r = f(&i, &j);
print!("{} {} {}", *r.0, r.1, *r.2);
```

将生成两个编译错误，均带有错误消息："生命周期不匹配"（"lifetime mismatch"）。实际上，返回值的第一个字段和第三个字段都具有在参数列表中指定的生命周期，该生命周期不同于在返回值类型中指定的生命周期。

请注意，可以对多个返回值字段使用一个生命周期说明符：

```
fn f<'a>(x: &'a i32, y: &'a i32) -> (&'a i32, bool, &'a i32) {
    (x, true, y)
}
let i = 12;
let j = 13;
let r = f(&i, &j);
print!("{} {} {}", *r.0, r.1, *r.2);
```

此处，"b" 生命周期说明符已由 "a" 代替。但是，此解决方案与以前的解决方案具有不同的含义。

在先前的解决方案中，参数列表中包含的两个引用具有独立的生命周期；相反，在最后一个解决方案中，它们共享相同的生命周期。

借用检查器的工作并不总是那么容易。让我们考虑一个更复杂的函数体：

```
fn f<'a>(n: i32, x: &'a Vec<u8>, y: &Vec<u8>) -> &'a u8 {
    if n == 0 { return &x[0]; }
    if n < 0 { &x[1] } else { &x[2] }
}
```

此函数有效。在函数体中，有三个可能的表达式返回该函数的值，它们都借用了由 "x" 参数借用的对象。这样的参数具有与返回值相同的生命周期，因此可以满足借用检查器的要求。

相反，下面的函数

```
fn f<'a>(n: i32, x: &'a Vec<u8>, y: &Vec<u8>) -> &'a u8 {
    if n == 0 { return &x[0]; }
    if n < 0 { &x[1] } else { &y[2] }
}
```

可能的返回值之一，即表达式 **"&y[2]"** 的值，借用了 **"y"** 借用的对象，并且这种参数没有生命周期说明符，因此此代码是非法的。

即使是下面的代码也是非法的：

```
fn f<'a>(x: &'a Vec<u8>, y: &Vec<u8>) -> &'a u8 {
    if true { &x[0] } else { &y[0] }
}
```

在执行数据流分析时，编译器可以检测到该函数的返回值永远不会借用 **"y"**。但是借用检查器坚持认为 **"&y[0]"** 是可能的返回值，因此它将此代码视为无效。

22.6.3 使用调用函数的生命周期说明符

正如我们在上一节开始所说的那样，借用检查器的两项工作之一是在编译函数时检查函数体是否有效，并考虑函数体内调用的任何函数的签名。

举例来说，请回到第 22 章第 6 节的最后两个程序。

我们说过，根据我们的借用规则，第一个程序应该合法，而第二个程序是非法的；不过，这两个程序都产生了"缺少生命周期说明符"（**"missing lifetime specifier"**）。以下是这两个程序添加了适当的生命周期说明符后的结果。

这是第一个：

```
let v1 = vec![11u8, 22];
let result;
{
    let v2 = vec![33u8];
    fn func<'a>(_x1: &'a Vec<u8>, _x2: &Vec<u8>) -> &'a Vec<u8> {
        _x1
    }
    result = func(&v1, &v2);
}
print!("{:?}", *result);
```

这是第二个程序：

```
let v1 = vec![11u8, 22];
let result;
{
    let v2 = vec![33u8];
    fn func<'a>(_x1: &Vec<u8>, _x2: &'a Vec<u8>) -> &'a Vec<u8> {
        _x2
    }
```

```
    result = func(&v1, &v2);
}
print!("{:?}", *result);
```

第一个程序有效，它将打印 "[11,22]"，而对于第二个程序，编译器将打印" v2 的生命周期不够长"（"`v2` does not live long enough"）。两者的行为与未使用函数的原始程序完全相同。

上一节中已经解释了以这种方式编写两个 "func" 函数的原因。

现在，让我们看看第一个程序中的 "main" 函数是如何工作的。调用 "func" 时，存活的变量是按顺序声明的 "v1"，"result" 和 "v2"，并且 "v1" 和 "v2" 已经初始化。"func" 的签名表示结果值具有与第一个参数相同的生命周期说明符，这意味着赋给 "result" 的值的生命周期不得超过 "v1"。这实际上成立，因为已经在 "v1" 之后声明了 "result"，因此 "result" 将在 "v1" 之前被销毁。

最后，让我们看看为什么第二个程序中的 "main" 函数是非法的。在此，"func" 的签名表示结果值与第二个参数具有相同的生命周期说明符，这意味着赋给 "result" 的值的生命周期不得超过 "v2"。但这实际上并不成立，因为已经在 "v2" 之前声明了 "result"，因此 "result" 将在 "v2" 后被销毁。

现在，让我们解释一下，在上一节的最后一个示例中，对于 "f" 函数仅使用一个生命周期说明符不如使用两个生命周期说明符那么好。

此程序有效：

```
fn f<'a, 'b>(x: &'a i32, y: &'b i32) -> (&'a i32, bool, &'b i32) {
    (x, true, y)
}
let i1 = 12;
let i2;
let j1 = 13;
let j2;
let r = f(&i1, &j1);
i2 = r.0;
j2 = r.2;
print!("{} {} {}", *i2, r.1, *j2);
```

它将打印 "12 true 13"。

相反，如下程序的第一行中的 "b" 生命周期参数已由 "a" 代替，该程序是非法的：

```
fn f<'a>(x: &'a i32, y: &'a i32) -> (&'a i32, bool, &'a i32) {
    (x, true, y)
}
```

```
let i1 = 12;
let i2;
let j1 = 13;
let j2;
let r = f(&i1, &j1);
i2 = r.0;
j2 = r.2;
print!("{} {} {}", *i2, r.1, *j2);
```

它生成编译错误："j1 的生命周期不够长"（"`j1` does not live long enough"）。

在这两个版本中，f 函数均接收对数字 "i1" 和 "j1" 的引用，返回的元组首先存储在 "r" 变量中，然后分别使用其第一个和第三个值来初始化 "i2" 和 "j2" 变量。

在程序的第一个版本中，第一个参数和返回值的第一个字段具有相同的生命周期说明符，这导致 "i2" 的生命周期必须短于 "i1"。同样，"j2" 的生命周期必须短于 "j1"。实际上，这些变量的声明顺序可以满足这些要求。

在该程序的第二个版本中，只有一个生命周期说明符，根据该说明符，"i2" 和 "j2" 的生命周期必须短于 "i1" 和 "j1"。实际上，"i2" 在 "j1" 之前声明，不满足这些要求。

关于生命周期的更多信息

在本章中，你将学习：

❑ 如何避免为简单的自由函数和方法编写生命周期说明符，因为它们可以推断出来

❑ 为什么对于结构、元组结构和包含引用的枚举也需要使用生命周期说明符

❑ 如何编写结构、元组结构和枚举的生命周期说明符

❑ 为什么包含对泛型参数引用的结构需要生命周期约束

23.1 生命周期省略

在上一章中，我们看到对于每个返回的引用，每个函数签名都必须指定该引用是否具有静态生命周期，或者其生命周期与函数的哪个参数相关联。

这种必需的注释可能很麻烦，有时可以避免。

```
trait Tr {
    fn f(x: &u8) -> &u8;
}
```

Rust 允许编写这种代码。返回值是具有未指定的生命周期的引用，但它不是静态的，因此隐式生命周期说明符必须与参数之一相同。但是只有一个函数参数，因此其生命周期说明符必定等于这个参数。换句话说，之前的声明 f 等效于以下声明：

```
trait Tr {
    fn f<'a>(x: &'a u8) -> &'a u8;
}
```

甚至以下声明也是有效的：

```
trait Tr {
    fn f(b: bool, x: (u32, &u8)) -> &u8;
}
```

这是因为在参数中只有一个是引用，因此它必定是其引用对象被返回值借用的那个
参数。

甚至以下代码也是有效的：

```
trait Tr {
    fn f(x: &u8) -> (&u8, &f64, bool, &Vec<String>);
}
```

在这种情况下，返回值中有多个引用，但参数中仍然只有一个引用。

还可以仅为某些返回的引用省略生命周期说明符，而为其他引用指定生存期说明符：

```
trait Tr {
    fn f<'a>(x: &'a u8) -> (&u8, &'a f64, bool, &'static Vec<String>);
}
```

在此，返回值包含三个引用：第一个具有未指定的生命周期，第二个具有 "a" 生命周
期，而第三个（即元组的第四个字段）具有 "static" 生命周期。但是，参数中仍然只有一
个引用，因此第一个返回的引用具有隐含的 "a" 生命周期。

这种允许的生命周期说明符的省略称为"生命周期省略"（lifetime elision）。为了简化
语法，可以在只有一个可能的非静态值时省略（elided）生命周期说明符，而在函数参数中
恰好有一个引用时就会发生这种情况。

23.2 面向对象编程的生命周期省略

考虑一下：

```
trait Tr {
    fn f(&self, y: &u8) -> (&u8, &f64, bool, &Vec<String>);
}
```

在此，"f" 函数的参数中有两个引用，因此前一个规则不适用。但是，当一个方法返
回某些引用时，在大多数情况下，此类引用会借用当前对象，该对象由 "&self" 引用。因
此，为了简化语法，前面的代码被认为等同于以下代码：

```
trait Tr {
    fn f<'a>(&'a self, y: &u8) -> (&'a u8, &'a f64, bool, &'a Vec<String>);
}
```

但是，你可以为选定的引用覆盖这种行为。例如，假设你的意思是第二个返回的引用
具有与 "y" 参数关联的生命周期，则必须这样写：

```
trait Tr {
    fn f<'a>(&self, y: &'a u8) -> (&u8, &'a f64, bool, &Vec<String>);
}
```

在此，返回元组的第二个字段所引用的对象生存时间必须不超过 "y" 所引用的对象，
而第一字段和第四个字段所引用的对象必须不超过 "self" 所引用的对象。

当然，相同的规则也适用于 "&mut self" 参数。

23.3   结构对生命周期说明符的需要

在上一章中，我们看到这是合法的：

```
let x: i32 = 12;
let _y: &i32 = &x;
```

因为，尽管 "_y" 持有对 "x" 的引用，但它的生命周期短于 "x"。

相反，这是非法的：

```
let _y: &i32;
let x: i32 = 12;
_y = &x;
```

因为 "_y" 持有对 "x" 的引用，但它的生命周期比 "x" 长。

我们还看到，必须对函数签名进行适当的注释，以对每次仅考虑一个函数体的借用执
行生命周期检查。

当结构包含一些引用时，也会发生类似的问题。此代码貌似合法（但其实不合法）：

```
struct S {
    _b: bool,
    _ri: &i32,
}
let x: i32 = 12;
let _y: S = S { _b: true, _ri: &x };
```

而这显然是非法的：

```
struct S {
    _b: bool,
    _ri: &i32,
}
let _y: S;
let x: i32 = 12;
_y = S { _b: true, _ri: &x };
```

后面的代码是非法的，因为通过 "S" 的 "_ri" 字段，"_y" 保留了对 "x" 的引用，但它的生存时间比 "x" 长。

这个案例很简单，但是实际的程序（已经包含 "main" 函数）可以是：

```
// In some library code:
struct S {
    _b: bool,
    _ri: &i32,
}
fn create_s(ri: &i32) -> S {
    S { _b: true, _ri: ri }
}

// In application code:
fn main() {
    let _y: S;
    let x: i32 = 12;
    _y = create_s(&x);
}
```

该应用程序代码无效，因为通过调用 "create_s"，对 "x" 的引用存储在 "_y" 对象中，而 "_y" 的生命长于 "x"。

但是，应用程序的程序员如何才能知道 "create_s" 函数将其作为参数获取的引用存储到返回的对象中，而无须查看函数体呢？让我们看下面的有效程序，它具有与先前程序相同的应用程序代码：

```
// In some library code:
struct S {
    _b: bool,
    _ri: &'static i32,
}
fn create_s(ri: &i32) -> S {
    static ZERO: i32 = 0;
    static ONE: i32 = 1;
```

```
    S {
        _b: true,
        _ri: if *ri > 0 { &ONE } else { &ZERO },
    }
}

// In application code:
fn main() {
    let _y: S;
    let x: i32 = 12;
    _y = create_s(&x);
}
```

在此代码中，"create_s" 函数使用 "ri" 参数来决定如何初始化要创建的结构的 "_ri" 字段。此类参数的值未存储在结构中。在任何情况下，"_ri" 字段都必定包含对静态值的引用，该值可以是 "ZERO" 或 "ONE"，并且永远不会被销毁。

此 "create_s" 函数具有与前面示例相同的签名，但是前面的示例无效，因为参数存储在结构的字段中，而此示例是有效的，因为参数在使用后被丢弃。

因此，如果没有生命周期说明符，则应用程序的程序员将被迫读取 "create_s" 库函数的函数体，以了解该函数是否将其作为参数获取的引用存储到返回的对象中。这很糟糕。

对于应用程序程序员（以及编译器），为了避免需要分析 "create_s" 函数的函数体以发现 "main" 函数中使用的对象的生命周期是否正确，需要进一步的生命周期注释。

因此，即使结构类似于函数，也必须显式指定其字段中包含的每个引用的生命周期。

这就解释了为什么即使是前一个看似有效的代码段实际上也会产生 "缺少生命周期说明符"（"missing lifetime specifier"）编译错误。

23.4　可能的结构生命周期说明符

实际上，在结构的引用字段的生命周期内，Rust 编译器仅允许两种可能性：

❑ 此类字段只能引用静态对象。

❑ 允许此类字段引用静态对象或非静态，但先于整个 struct 对象存在且生命周期比其更长的对象。

第一种情况只是上一个示例程序考虑的情况。其中有一行：

struct S { _b: bool, _ri: &'static i32 }

这样的结构实际上包含一个引用，但它是一个 static 引用，不能用任何借用的引用赋值。因此，在这种情况下，只要只将静态引用分配给 "_ri" 字段，就永远不会存在生命周期问题。

相反，应用第二种情况，将获得以下有效程序：

```
// In some library code:
struct S<'a> { _b: bool, _ri: &'a i32 }
fn create_s<'b>(ri: &'b i32) -> S<'b> {
    S { _b: true, _ri: ri }
}

// In application code:
fn main() {
    let x: i32 = 12;
    let _y: S;
    _y = create_s(&x);
}
```

此处，"create_s" 函数以更持久的方式借用了 "x" 变量。实际上，它存储在返回的结构对象的 "_ri" 字段中。该对象用于初始化 "main" 函数中的 "_y" 变量。因此，"_y" 变量的生命周期必须短于 "x" 变量的生命周期。如果将 "_y" 声明移到 "x" 声明之前，则会出现常见的 "x 生命周期不够长"("`x` does not live long enough") 错误。

如要知道 "_x" 可以存储在该结构内部，就不需要检查 "create_s" 函数的函数体，也不需要检查 "S" 结构的字段列表。只需检查 "create_s" 函数的签名和 "S" 的签名，即其在大括号之前的声明部分，就足够了。

通过检查 "create_s" 函数的签名，可以发现它获得了作为参数的引用，它返回了 "S" 类型的值，并且此类参数和返回值具有相同的生命周期说明符 "b"。这意味着这种返回的结构的生命周期必须短于借用的 "i32" 对象。

通过检查 "S" 结构的签名，可以发现它是由生命周期说明符参数化的，这意味着它的某些字段是非静态引用。

因此，我们发现 "create_s" 函数获取引用作为参数，并返回由相同生命周期说明符参数化的对象。这意味着，这样的对象可以通过将参数存储在对象中来借用参数引用的对象。

编译器必须单独检查结构声明的一致性。子句 "struct S <'a>" 表示 "S" 借用了一些对象，而结构体内部的子句 "_ri: &'a i32" 表示 "_ri" 字段是借用对象的引用。

因此，结构中的每个引用字段只能具有两种合法语法："field: &'static type" 或 "field: &'lifetime type"，其中 "lifetime" 也是结构本身的参数。如果没有引用字段或只有静态引用字段，则该结构可以没有生命周期参数。

因此，编译器捕获了几种可能的语法错误。

```
struct _S1 { _f: &i32 }
struct _S2<'a> { _f: &i32 }
struct _S3 { _f: &'a i32 }
struct _S4<'a> { _f: &'static i32 }
struct _S5 { _f: &'static i32 }
struct _S6<'a> { _f: &'a i32 }
```

前四个语句是非法的。"_S1" 和 "_S2" 的声明是非法的，因为 "_f" 字段是没有生命周期说明符的引用字段。"_S3" 的声明是非法的，因为没有将 "'a" 生命周期说明符声明为 "S" 的参数。而 "_S4" 的声明是非法的，因为从未在结构体内部使用参数 "'a"。

相反，最后两个结构声明是有效的。"_S5" 包含对静态对象的引用，而 "_S6" 包含对对象的引用，该对象一定比结构本身生命周期更长。

23.5 生命周期说明符的其他用途

我们看到，在定义包含引用的结构类型时，需要生命周期说明符。但是元组结构和枚举也是可能包含引用的类型，因此对于它们来说，任何包含的引用都需要生命周期说明符。

```
struct TS<'a>(&'a u8);
enum E<'a, 'b> {
    _A(&'a u8),
    _B,
    _C(bool, &'b f64, char),
    _D(&'static str),
}
let byte = 34;
let _ts = TS(&byte);
let _e = E::_A(&byte);
```

此代码是有效的，但是如果删除了任何生命周期说明符，则会生成常见的"缺少生命周期说明符"("missing lifetime specifier")错误。

顺便说一下，请注意 "E::_D" 字段的定义：对静态字符串切片的引用。但是，从本书一开始，我们就已经看到了这种情况。它们是字符串字面量。

为简化起见，我们从未将生命周期说明符与可变引用混合在一起。实际上，这是允许的，尽管很不寻常：

```
fn f<'a>(b: &'a mut u8) -> &'a u8 {
    *b += 1;
    b
}
```

```
let mut byte = 12u8;
let byte_ref = f(&mut byte);
print!("{}", *byte_ref);
```

这将打印："13"。对该字节的引用将传递到 "f"，函数 f 将对其递增，然后返回对它的引用。这是不寻常的，因为当将可变参数传递给函数时，通常不需要返回借用它的引用。

在上一章中我们已经看到，函数可以通过生命周期说明符和类型参数进行参数化，并且它们可以用于同一函数参数。所以这是合法的：

```
fn f<'a, T>(b: &'a T) -> &'a T { b }
let pi = 3.14;
let pi_ref = f(&pi);
print!("{}", *pi_ref);
```

它将打印："3.14"。但是，这是非法的：

```
struct S<'a, T> { b: &'a T }
```

编译器发出"参数类型 T 可能生命周期不够长"（"the parameter type `T` may not live long enough"）的消息。原因是泛型类型 T 可以由包含引用的类型具体化，而这样的引用可能会导致生命周期错误。为了防止它们，编译器禁止使用这种语法。实际上有两种情况：

❑ 用 "T" 表示的类型将不包含引用，或者仅包含对静态对象的引用；
❑ 用 "T" 表示的类型可以包含对非静态对象的引用，但必须指定其生命周期；
第一种情况是以这种方式指定的：

```
struct S<'a, T: 'static> { b: &'a T }
let s = S { b: &true };
print!("{}", *s.b);
```

它将打印："true"。
第二种情况以这种方式指定：

```
struct S<'a, T: 'a> { b: &'a T }
let s1 = S { b: &true };
let s2 = S { b: &s1 };
print!("{} {}", *s1.b, *s2.b.b);
```

它将打印："true true"。
在第一行中，"T" 类型参数被限定到 "a" 生命周期说明符，这意味着无论该类型将如何，都可以包含引用，该引用借用了已经由该生命周期说明符注释的同一对象，即整个结构对象本身。

在第二行中，实例化 "S" 结构时，隐式地将 "bool" 指定为其 "T" 类型参数。实际上，此类型不包含任何引用，因此对于此行，static 限定也已足够，如前面的示例程序所示。

但是在第三行中，实例化了 "S" 结构，并隐式地将 "S<bool>" 指定为其 "T" 类型参数。实际上，此类型确实包含非静态引用，因此对于此行，仅使用 static 限定是不够的。

Unix/Linux 系统编程

作者：[美] K. C. 王（K. C. Wang）　译者：肖堃　书号：ISBN：978-7-111-65671-5

本书提供了广泛的计算机系统软件知识和高级编程技能，使读者能够与操作系统内核交互，有效利用系统资源，开发应用软件。它还为读者提供了从事计算机科学／工程高级研究（如操作系统、嵌入式系统、数据库系统、数据挖掘、人工智能、计算机网络、网络安全、分布式和并行计算）所需的背景知识。

本书是为讲授和学习系统编程的理论和实践而服务的。与大多数其他书籍不同，这本书更深入地介绍了系统编程主题，并强调了编程实践。书中引入了一系列编程项目，让学生运用所学知识和编程技能来开发实用的程序。本书的目标是作为面向技术的系统编程课程的教科书。因为本书包含带有完整源代码的详细示例程序，所以也适合高级程序员自学使用。

推荐阅读

系统编程：分布式应用的设计与开发

[英]理查德·约翰·安东尼（Richard John Anthony） 译者：张常有 等 书号：ISBN：978-7-111-58256-4

　　本书提供了广泛的计算机系统软件知识和高级编程技能，使读者能够与操作系统内核交互，有效利用本书用系统思维讲解分布式应用的设计与开发，以"进程、通信、资源、体系结构"四个视角为核心，跨越不同学科的界限，强调系统透明性。本书在实践教学方面尤为独到：既有贯穿各章的大型游戏案例，又有探究不同系统特性的课内仿真实验；不仅提供步骤详尽的方法指导，而且免费提供专为本书开发的Workbench仿真工具和源代码。

　　本书自成体系的风格和配置灵活的实验工具可满足不同层次的教学需求，适合作为面向实践的分布式系统课程的教材，也适合从事分布式应用开发的技术人员自学。